Benedito Tadeu Vasconcelos Freire
Carlos Alexandre Gomes da Silva
David Armando Zavaleta Villanueva

Combinatória no Tabuleiro de Xadrez

EDITORA
CIÊNCIA MODERNA

Combinatória no Tabuleiro de Xadrez

Editor: Paulo André P. Marques
Produção Editorial: Dilene Sandes Pessanha
Capa: Daniel Jara
Copidesque: Equipe Ciência Moderna

FICHA CATALOGRÁFICA

FREIRE, Benedito Tadeu Vasconcelos; SILVA, Carlos Alexandre Gomes da; VILLANUEVA, David Armando Zavaleta.

Combinatória no Tabuleiro de Xadrez

Rio de Janeiro: Editora Ciência Moderna Ltda., 2020.

1. Xadrez
I — Título

ISBN: 978-85-399-1080-9 CDD 794.1

Editora Ciência Moderna Ltda.
R. Alice Figueiredo, 46 – Riachuelo
Rio de Janeiro, RJ – Brasil CEP: 20.950-150
Tel: (21) 2201-6662/ Fax: (21) 2201-6896
E-MAIL: LCM@LCM.COM.BR
WWW.LCM.COM.BR

01/20

Prefácio

O jogo de xadrez possui um aspecto educacional relevante, pois sua prática induz o desenvolvimento de habilidades mentais essenciais na vida de todo cidadão (concentração, pensamento crítico, raciocínio, capacidade de resolução de problemas, reconhecimento de padrões, planejamento estratégico, criatividade etc.). Por isso, o jogo de xadrez vem fascinando as pessoas em todo o mundo nos últimos dois mil anos. Atribui-se a sua invenção a Sissa, um brâmane da corte do rajá (designação dada aos reis e outros governantes hereditários do subcontinente indiano) Balhait.

Conta-se, veja em [5], página 29-30, que o rei havia pedido ao sábio Sissa que criasse um jogo capaz de demonstrar o valor de qualidades como prudência, diligência, visão e conhecimento. O sábio apresentou ao rei um **tabuleiro de xadrez** (8×8) com peças que representavam os quatro elementos do exército idiano: carros, cavalos, elefantes e soldados a pé -comandados pelo seu vizir (título usado em alguns países muçulmanos para designar autoridades como ministros de Estado).

O rei ficou encantado com o jogo e disse ao sábio que ele podia pedir qualquer recompensa. O sábio Sissa, como um bom cientista, a princípio negou-se a receber recompensa, pois para ele bastava o prazer de ver a sua invenção causando satisfação aos outros. Como o rei insistiu, ele pediu como recompensa, um pagamento em grãos de milho, em quantidade contada a partir do tabuleiro de xadrez: na primeira casa do tabuleiro um grão, na segunda dois grãos, na terceira, quatro, na quarta o dobro; e assim por diante, até a última casa. Mesmo com a insistência por parte do rei para que escolhesse uma recompensa mais valiosa, o sábio insistiu no seu pedido. O rei ordenou que fosse trazido o milho. Mas, antes de que tivesse atingido a quantidade de grãos da trigésima casa do tabuleiro, todo o milho da Índia havia sido esgotado.

O número total de grãos de milho que o sábio se propôs a receber, e que de antemão sabia ser impossível ser atendido, é igual a

$$1 + 2 + 2^2 + 2^3 + \cdots + 2^{63} = 2^{64} - 1 = 18.446.744.073.709.551.615$$

Dizem que o rei não soube o que mais admirar, se a invenção do jogo de xadrez ou a engenhosidade do pedido de Sissa.

Desde então, considerando ainda o aspecto romântico-lendário de sua criação, o jogo de xadrez encanta a todos pelo seu valor educacional, de lazer etc. Além disso, o **tabuleiro de xadrez** propriamente dito revela-se um ambiente propício para a criação de variados e belos problemas de Matemática.

Infelizmente, não conhecemos em português, como existem em espanhol, francês, inglês, russo etc. livros elementares reunindo essa gama de belos problemas envolvendo o tabuleiro de xadrez. Com estas Notas, nos propomos a divulgar estes problemas engenhosos, estimulantes, desafiadores e do mais alto valor educacional para a formação dos jovens. Nossa referência é o belíssimo livro **problemas Combinatórios no Tabuleiro de Xadrez** de **L. Y. Okunev**, ONTI, Moscou, Lenigrado, 1935, em russo (Kombinatornye zadachi na shakhmatnoi doske). Para os nossos propósitos, usamos como referência trechos deste livro maravilhoso, trabalhando com tradução para o português feita por David Armando Zavaleta Villanueva.

O livro do professor Okunev apresenta um relato de questões intrigantes que contém propriedades matemáticas envolvendo o tabuleiro de xadrez e suas peças. As ferramentas matemáticas para a solução dos problemas são as ideias da Análise Combinatória.

Para facilitar o entendimento, acrescentamos figuras que esperamos sejam facilitadoras para a compreensão do texto e para a resolução dos problemas.

Para oportunizar o exercício de problemas envolvendo o tabuleiro de xadrez, apresentamos, no Capítulo 9, questões de Olimpíadas de Matemática de vários países, por serem intrigantes, criativas e desafiadoras, contribuindo fortemente para a consolidação do aprendizado. As soluções dos problemas encontram-se no Capítulo 7. O Apêndice, Capítulo 5, contém informações básicas sobre o jogo de xadrez e pode ser deixado de lado por aqueles que já sabem jogar.

Esperamos que os professores e os estudantes possam apreciar a beleza da teoria, dos problemas e as ideias que permitem suas respectivas soluções.

O texto foi escrito usando o editor LaTeX, com o Miktex 2.09, sendo de muita valia para nós o site $http://tex.stackexchange.com/$, usado frequentemente para tirar dúvidas durante a edição. Na edição do texto, usamos o modelo "The Legrand Orange Book", LaTeXTemplate, Version 2.1.1

(14/2/16), obtido do site http://www.LaTeXTemplates.com, de autoria de Mathias Legrand (legrand.mathias@gmail.com), com modificações feitas por Vel (vel@latextemplates.com).

Todos os erros e equívocos ainda existentes são de nossa responsabilidade. Aceitamos de bom grado comentários apontando eventuais erros, como também formas de melhorar o texto.

Natal, agosto de 2019

Benedito Tadeu Vasconcelos Freire
beneditofreire22@gmail.com

Carlos Alexandre Gomes da Silva
cgomesmat@gmail.com

David Armando Zavaleta Villanueva
villanueva@ccet.ufrn.br

Sumário

Capítulo 1

Preliminares

Como é conhecido, o **tabuleiro de xadrez** é um quadrado dividido em 64 quadradinhos congruentes chamados casas, distribuídas em 8 linhas e 8 colunas. Geralmente, as casas são pintadas alternadamente de branco e preto. Nestas casas, em alguma ordem, são distribuídas as peças do xadrez e surge a pergunta natural:

De que forma podemos anotar a distribuição das peças no tabuleiro?

Na prática, a escrita mais comum é a seguinte: as 8 colunas do tabuleiro são denotadas, da esquerda para a direita, por a, b, c, d, e, f, g, h e as 8 linhas, de baixo para cima, por 1, 2, 3, 4, 5 6, 7, 8, veja Figura 2.1 a seguir. Dessa forma, qualquer casa estará em correspondência com um par formado por determinada letra e número, justamente aqueles que denotam a coluna e a linha onde a casa se encontra. Por outro lado, uma letra e um número corresponderá a uma determinada casa. Por exemplo, a casa $c5$ é a que se encontra na terceira coluna (contada da esquerda para direita) e quinta linha (contada de baixo para cima).

Outra forma de anotar a distribuição das peças no tabuleiro é definindo a posição das casas usando um par de números. O leitor provavelmente já advinhou que no lugar das letras a, b, c, d, e, f, g, h devemos introduzir os números 1, 2, 3, 4, 5, 6, 7, 8. Realmente, a cada casa do tabuleiro lhe corresponderá um par de números e vice-versa. Esse par de números será chamado de coordenadas da casa, e com isto, o número que identifica a coluna será chamado de *abcissa* da casa, e o número que identifica a linha

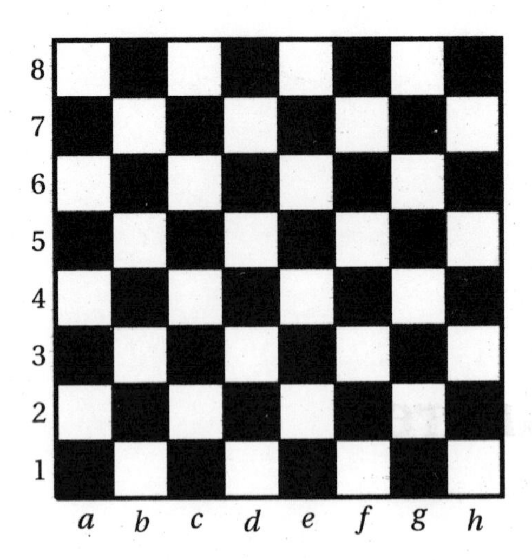

Figura 1.1: Tabuleiro de Xadrez

será chamado de *ordenada* da casa. Por exemplo, na nossa notação, a casa $b7$ será denotada por $(2,7)$, onde 2 é a abcissa e 7 sua ordenada, veja Figura 2.2 a seguir. Generalizando, também vamos analizar tabuleiros com $n \times n$ casas e também retângulos com $p \times q$ casas.
Generalizando, também vamos analizar tabuleiros com $n \times n$ casas e também retângulos com $p \times q$ casas.

No desenvolvimento do jogo de xadrez, a distribuição das peças no tabuleiro muda constantemente, e se estudamos as leis de distribuição de um conjunto dado de peças, então, sem dúvida, devemos usar o método da Análise Combinatória.
Através da Análise Combinatória podemos determinar a quantidade de distribuição de dados elementos numa ordem conhecida. Para os nossos propósitos, será necessário resolver problemas simples dessa teoria. Precisamente, determinaremos o número de arranjos, transposições e combinações. Daremos apenas os resultados finais, pois consideramos que o conhecimento necessário para obter soluções desses problemas o leitor encontrará em qualquer livro de Análise Combinatória a nível do Ensino Médio, veja, por exemplo, a referência [6].

Sejam n elementos dados. Como a natureza destes elementos não nos

8	(1,8)	(2,8)	(3,8)	(4,8)	(5,8)	(6,8)	(7,8)	(8,8)
7	(1,7)	(2,7)	(3,7)	(4,7)	(5,7)	(6,7)	(7,7)	(8,7)
6	(1,6)	(2,6)	(3,6)	(4,6)	(5,6)	(6,6)	(7,6)	(8,6)
5	(1,5)	(2,5)	(3,5)	(4,5)	(5,5)	(6,5)	(7,5)	(8,5)
4	(1,4)	(2,4)	(3,4)	(4,4)	(5,4)	(6,4)	(7,4)	(8,4)
3	(1,3)	(2,3)	(3,3)	(4,3)	(5,3)	(6,3)	(7,3)	(8,3)
2	(1,2)	(2,2)	(3,2)	(4,2)	(5,2)	(6,2)	(7,2)	(8,2)
1	(1,1)	(2,1)	(3,1)	(4,1)	(5,1)	(6,1)	(7,1)	(8,1)
	1	2	3	4	5	6	7	8

Figura 1.2: A Posição de Cada Casa no Tabuleiro

interessa, listamos todos eles numa ordem conhecida, e no lugar dos n elementos, consideremos n números:

$$\boxed{\{1,\ 2,\ 3,\ 4,\ 5, \ldots,\ n\}} \qquad (1)$$

e falamos somente de números.
ção - Dois arranjos dos n números (1) contendo m números se diferenciam um do outro ou pelos números ou pela ordem de suas sequências.

Exemplo 1.1. *Usando os três números* 1, 2, 3 *podemos formar* 6 *arranjos com* 2 *números distintos:*

$$1, 2; \quad 2, 1; \quad 1, 3; \quad 3, 1; \quad 2, 3; \quad 3, 2.$$

ção - Denotamos por A_n^m a quantidade de arranjos com m elementos tomados dentre os n números dados.

Usando o Princípio Multiplicativo da Análise Combinatória, podemos mostrar que:

$$\boxed{A_n^m = n(n-1)(n-2)\cdots(n-m+1)} \qquad (2)$$

ção - Chamamos **Permutação** *de* n *números os arranjos dos* n *números (1) contendo* n *elementos.*

Exemplo 1.2. - *Com os elementos do conjunto de três números* $\{1, 2, 3\}$ *podemos formar* 6 *permutações:*

$$1, 2, 3; \quad 1, 3, 2; \quad 2, 1, 3; \quad 2, 3, 1; \quad 3, 1, 2; \quad 3, 2, 1$$

ção - Denotamos por P_n *a quantidade de todas as permutações de* n *números. Isto é,* $P_n = A_n^n$.
De (2), segue que

$$P_n = n(n-1)(n-2)(n-3)\cdots([n-(n-1)] = n(n-1)(n-2)(n-3)\cdots 3.2.1 = n!$$

Assim, temos que

$$\boxed{P_n = n!} \qquad (3)$$

Deste modo, $P_3 = 3! = 3 \times 2 \times 1 = 6$.

É oportuno observar que a fórmula (2) *acima,* $A_n^m = n(n-1)(n-2)\cdots(n-m+1)$, *pode ser reescrita como:*

$$\boxed{A_n^m = \frac{n!}{(n-m)!}}$$

De fato, basta multiplicar a expressão anterior por $\frac{(n-m)!}{(n-m)!} = 1$:

$$A_n^m = n(n-1)(n-2)\cdots(n-m+1)\cdot\frac{(n-m)!}{(n-m)!} = \frac{n!}{(n-m)!}$$

Existem outros tipos de permutação: permutação que envolve objetos repetidos, chamada **permutação com repetição** *e a* **permutação caótica**, *veja os exemplos a seguir.*

Exemplo 1.3. - *Quantas são as permutações das letras da palavra* **BANANA**?
Solução

A palavra **BANANA** *possui seis letras, tendo duas delas que se repetem: três vezes* **(A)** *e duas vezes* **(N)**. *Assim, uma permutação das letras da palavra*

BANANA *é uma permutação com repetição.*
Observe que, para cada permutação possível das seis letras, não criaremos uma nova permutação se permutarmos as três letras ***A*** *e/ou as duas letras* ***B***.
Portanto, o total de permutação das seis letras da palavra ***BANANA*** *é igual a*

$$P(6,3,2) = \frac{6!}{3! \cdot 2!} = 15.$$

Exemplo 1.4. - *Lançando* 3 *dados, de quantas maneiras obteremos uma soma igual a* 11*?*
Solução

Ao lançarmos três dados, obteremos uma soma dos números das faces de cima dos dados com um total igual a 11 *nas seguintes situações:*

$$6,\ 4,\ 1; \quad 6,\ 3,\ 2; \quad 5,\ 4,\ 2$$

$$5,\ 5,\ 1; \quad 5,\ 3,\ 3; \quad 4,\ 4,\ 3$$

Em cada uma das três primeiras situações as permutações são simples e total delas é $3! + 3! + 3! = 6 + 6 + 6 = 18$.
Cada uma das três últimas são permutações com repetições e o total delas é: $\frac{3!}{2!} + \frac{3!}{2!} + \frac{3!}{2!} = 3 + 3 + 3 = 9$.
Portanto, a resposta é: $18 + 9 = 27$.

Exemplo 1.5. - *Num estacionamento temos três carros estacionados em vagas consecutivas. De quantas maneiras os carros podem ocupar as vagas de modo que nenhum deles fique na posição inicial?*
Solução

Cada vez que se coloca os carros nas vagas se faz uma permutação deles. Como há a restrição de que nenhum deles fique na posição inicial, essa é uma permutação caótica de três objetos.
Denomina-se a quantidade de tais permutações de um conjunto com três objetos por D_3. *O valor de* D_3 *é dado por:*

$$D_3 = P_3 - n(A_1 \cup A_2 \cup A_3),$$

onde P_3 *é o total de permutação simples de três objetos e* A_i, *para* $i = 1, 2, 3$, *é a quantidade de permutações dos três objetos nas quais o objeto* i *ocupa a*

posição i.
Como temos: $P_3 = 3!$, *depois de algumas contas teremos:*

$$D_3 = 3!\left[\frac{1}{0!} - \frac{1}{1!} + \frac{1}{2!} - \frac{1}{3!}\right].$$

Portanto, $D_3 = 2$, *que é a resposta.*

Para finalizar, daremos a definição de **Combinações.**
ção - As Combinações de n *elementos tomados* m *a* m *é a quantidade de arranjos de* n *números tomados* m *a* m *que se diferenciam um do outro ao menos por um número.*

Exemplo 1.6. - *Com os elementos do conjunto* 1, 2, 3, 4 *podemos formar as seguintes combinações de* 3 *elementos:*

$$1, 2, 3; \qquad 1, 2, 4; \qquad 1, 3, 4; \qquad 2, 3, 4.$$

O número C_n^m *de combinações de* n *números tomados* n *a* n *expressa-se pela fórmula:*

$$\boxed{C_n^m = \frac{A_n^m}{P_m} = \frac{n(n-1)(n-2)\cdots[n-(m-1)]}{1.2.3.\cdots m}} \qquad (4)$$

Multiplicando o numerador e denominador da última expressão por $(n-m)!$, *obtemos*

$$\boxed{C_n^m = \frac{n!}{(n-m)!m!}}$$

É comum notar C_n^m *também por* $C(n,m)$ *ou por* $\binom{n}{m}$.

Exemplo 1.7. - *Num tabuleiro de xadrez* (8×8), *de quantas maneiras podemos escolher uma casa branca e uma casa preta?*
Solução

O tabuleiro de xadrez (8×8) *possui* 64 *casas, sendo* 32 *brancas e* 32 *pretas, veja Figura 2.3 a seguir.*

Figura 1.3: Tabuleiro 8 por 8

Existem 32 *possibilidades possíveis para a escolha de uma casa branca e* 32 *possibilidades possíveis para a escolha de uma casa preta. Portanto, pelo* ***Princípio Multiplicativo****, da Análise Combinatória, a quantidade de maneiras de se escolher uma casa branca e uma casa preta é igual a* $32 \times 32 = 1024$.

Exemplo 1.8. - *Num tabuleiro de xadrez* (8×8), *de quantas maneiras distintas podemos escolher três casas pertencentes a qualquer uma das dagonais do tabuleiro?*

Solução

A resposta é 392.
Podemos considerar a casa do canto superior esquerdo do tabuleiro, casa $a8$, *como uma diagonal que só tem ela como elemento, veja Figura a seguir. Da casa* $a8$, *descendo para o canto inferior esquerdo do tabuleiro, a próxima diagonal, que vai da casa* $a7$ *até a casa* b, *possui duas casas pretas. A diagonal seguinte, começando na casa* $a6$ *e indo até a casa* $c8$, *possui três casas. Continuando assim, atingiremos a diagonal principal, que começa na casa* $a1$ *e vai até a casa* $h8$ *e, a partir daí, a quantidade de casas nas diagonais seguintes vai decrescendo até atingir* $a1$ *casa.*
A mesma coisa coisa acontece se examinarmos as diagonais paralelas à diagonal secundária branca (que vai da casa $a8$ *até a casa* $h1$*).*
Assim, temos 4 *diagonais com* 3, 4, 5, 6, 7 *casas respectivamente e duas diagonais com* 8 *casas. Desse modo, o problemaa se resume a identificar de quantos modos podemos escolher* 3 *casas dentre as diagonais citadas. Por-*

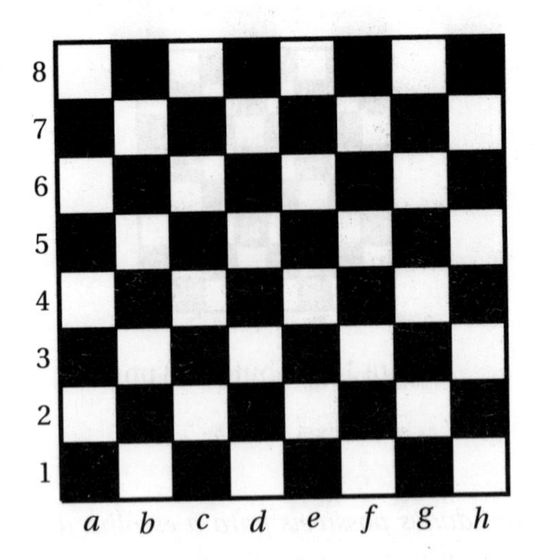

Figura 1.4: As Diagonais do Tabuleiro de Xadrez

tanto, a quantidade buscada é igual a:

$$4\cdot\left[\binom{3}{3}+\binom{4}{3}+\binom{5}{3}+\binom{6}{3}+\binom{7}{3}\right]+2\cdot\binom{83}{3}=4\cdot[1+4+10+20+35]+2\cdot 56=392$$

Exemplo 1.9. - *Num tabuleiro de xadrez* (8×8), *de quantas maneiras distintas podemos escolher um par de casas?*
Solução

A escolha dos pares pode ser de dois tipos possíveis: ambas as casas de mesma cor ou as duas casas de cores distintas. Ou seja, denotando uma casa preta por p *e uma casa branca por* b, *os pares possíveis são da forma:*

$$(p,p),\ (b,b),\ (p,b),\ (b,p).$$

Observe que, consideramos distintos pares do tipo (p,b) *e* (b,p).
Como no tabuleiro existem 32 *casas brancas, para formar um par do tipo* (b,b) *podemos escolher a primeira casa de* 32 *modos distintos e a segunda casa de* 31 *modos distintos, mas a ordem em que essas casas são escolhidas não interfere no final da escolha, pois ambos são da mesma cor. Assim existem* $C(32,2)=\frac{32\cdot 31}{2}=496$ *modos distintos de escolher duas casas brancas. A*

quantidade de escolhas de pares de casas da forma (p, p) *é igual a quantidade de escolha de casas da forma* (b, b), *e, como vimos acima, este número é igual a* 496.
Já no caso (p, b), *apesar da ordem da escolha não interferir, estamos escolhendo as casas de grupos distintos, o que revela que nesse caso existem de fato* $32 \cdot 32 = 1024$ *possibilidades distintas, que é a mesma quantidade de pares do tipo* (b, p). *Assim o total de possibilidades é:* $496 + 496 + 1024 + 1024 = 3040$.

Exemplo 1.10. - *De quantas maneiras distintas podemos escolher uma casa branca e uma casa preta num tabuleiro de xadrez* (8×8) *se as duas casas não estejam na mesma linha ou mesma coluna?*
Solução
Para escolher uma casa branca temos 32 *possibilidades. Uma vez escolhida a casa branca, temos que eliminar a linha e a coluna em que ela se encontra, pois, por hipótese, as duas casas não podem estar na mesma linha ou mesma coluna. Deste modo, eliminam-se* 8 *casas pretas, restando* $32 - 8 = 24$. *Portanto, a resposta será* $32 \times 24 = 768$.

Exemplo 1.11. - *Num tabuleiro de xadrez* (8×8), *de quantas maneiras podemos colocar* 12 *peças brancas iguais e* 12 *peças pretas iguais sobre as casas brancas, sendo uma peça em cada casa?*
Solução
No tabuleiro 8×8 *existem* 32 *casas brancas. Para colocar as peças brancas, podemos escolher* 12 *casas brancas de* $\binom{32}{12}$ *maneiras distintas, restando* $32 - 12 = 20$ *casas brancas disponíveis para a colocação das peças pretas, que então podem ser colocadas de* $\binom{20}{12}$ *maneiras distintas. Portanto, pelo Princípio Multiplicativo, a resposta é* $\binom{32}{12} \times \binom{20}{12} = 225.792.840.000 \times 125.970$.

Exemplo 1.12. - *Nas duas primeiras linhas de um tabuleiro de xadrez, uma criança arruma* 2 *cavalos (C),* 2 *bispos (B),* 2 *torres (T),* 1 *rei (K),* 1 *rainha (Q) de cada cor.*
(a) De quantas maneiras ela pode fazer isto?
(b) De quantas maneiras a criança pode arrumar todas as peças no tabuleiro?
Solução
(a)Vamos denotar por: C_b, C_p *os cavalos brancos e pretos, respectivamente;*
B_b, B_p *os bispos brancos e pretos, respectivamente;*
T_b, T_p *as torres brancas e pretas, respectivamente;*
K_b, K_p *os reis brancos e pretos, respectivamente;*

Q_b, Q_p *as rainhas brancas e pretas, respectivamente.*
Agora, observe que duas primeiras linhas posuem juntas 16 *casas e o total de peças que a criança arruma é* 16, *contadas nas duas cores. O que queremos é quantidade de maneiras de colocar as* 16 *peças nas* 16 *casas. Ou seja, o que o problema pede é a quantidade de permutações com repetições:*

$$P(16, C_b, C_b, C_p, C_p, B_b, B_b, T_b, T_b, K_b, K_b, Q_b, Q_b, Q_p, Q_p) = \frac{16!}{2^6}.$$

(b) O problema é análogo ao item anterior. Neste caso, temos que arranjar as 16 *peças em* 64 *lugares, ficando* 48 *casas vazias (V):*

$$P(C_b, C_b, C_p, C_p, B_b, B_b, T_b, T_b, K_b, K_b, Q_b, Q_b, Q_p, Q_p, \underbrace{V, \cdots, V}_{48\ casas\ vazias}) = \frac{64!}{2^6 \times 48!}.$$

Exemplo 1.13. - *De quantos modos distintos podemos selecionar duas casas de um tabuleiro* 8×8 *que possuam um único vértice em comum?*
Solução
A resposta é 98.
Na primeira e segunda filas do tabuleiro marcamos as duplas de casas que possuem um único vértice em comum, veja Figura a seguir. Nas duas primeiras filas do tabuleiro existem 14 *maneiras de se escolher duas casas que compartilham um só vértice (*7 *olhando na direção pararela à diagonal principal e* 7 *olhando na direção pararela à outra diagonal maior do tabuleiro). Raciocinando de maneira análoga, é fácil ver que nas filas de número* 2 *e* 3 *existem* 14 *modos de se escolher duas casas que compartilham um único vértice.*
Como os pares de fila do tabuleiro são:

$$(1,2),\ (2,3),\ (3,4),\ (4,5),\ (5,6),\ (6,7),\ (7,8),$$

a quantidade de maneiras de selecionar duas casas num tabuleiro que compartilham um único vértice é igual a $14 \cdot 7 = 98$.

Exemplo 1.14. - *Quantos são os arranjos possíveis de todas as peças do jogo de xadrez (pretas e brancas) num tabuleiro?*
Solução
O total de peças no jogo de xadrez é 32: 4 *torres (T),* 4 *bispos (B),* 4 *cavalos (C),* 2 *reis (K),* 2 *rainhas (Q),* 16 *peões (P). Neste caso, quando se arruma as*

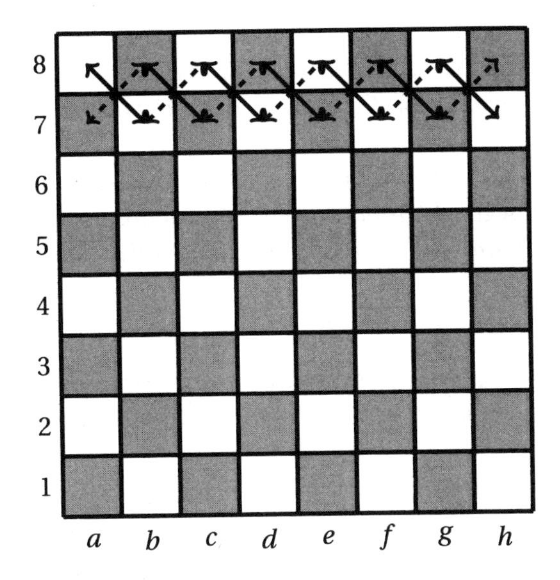

Figura 1.5: Casas do Tabuleiro com um Único Vértice em Comum

32 *peças no tabuleiro, sobram* 32 *casas vazias (V). Assim, temos que calcular as permutações com repetições*

$$P = \frac{64!}{2^6 \times 32!}.$$

Exemplo 1.15. - *As casas de um tabuleiro de xadrez* 8×8 *são pintadas usando* 8 *cores distintas, de modo que todas as cores estejam presentes em cada linha e duas casas consecutivas de uma coluna não tenham a mesma cor.*
De quantas maneiras distintas podemos realizar a pintura do tabuleiro?
Solução

Inicialmente, observe que, a primeira linha do tabuleiro pode ser pintada de 8! *maneiras distintas.*
Vamos denotar por C_1, C_2, C_3, C_4, C_5, C_6, C_7, C_8 *as* 8 *cores distintas com as quais foram pintadas as casas da primeira linha. Sem perda de generalidade, podemos supor que as casas da primeira linha,* $a1$, $b1$, $c1$, $d1$, $e1$, $f1$, $g1$, $h1$, *foram pintadas da seguinte maneira: a casa* $a1$ *pintada com a cor* C_1, *a casa* $b1$ *com a cor* C_2, *etc, a casa* $h1$ *pintada com a cor* C_8. *Agora, pelas hipóteses*

do problema, a casa $a2$ *não pode ser pintada com a cor* C_1, *a casa* $b2$ *não pode ser pintada com a cor* C_2, *a casa* $h2$ *não pode ser pintada com a cor* C_8.

Ou seja, as casas da primeira linha podem ser pintadas de $8!$ *modos distintos e a partir da segunda linha existem* D_8 *modos distintos de pintar cada uma da linhas. Assim pelo Princípio Fundamental da Análise Combinatória, a resposta é:*

$$8! \cdot (D_8)^7 =$$

Isto significa que a permutação das cores na segunda linha é caótica. O mesmo ocorre com todas as outras linhas. Assim, o número total de pinturas é dado por:

$$D_8 = 8! \times \left[1 - 1 + \frac{1}{2!} - \frac{1}{3!} + \cdots + \frac{1}{8!}\right] = 14833.$$

Exemplo 1.16. - *Queremos escrever os inteiros positivos de* 1 *a* 16 *nas casas de um tabuleiro* 4×4, *um número em cada casa, de maneira tal que a soma dos números em cada coluna e em cada linha do tabuleiro seja um número ímpar. De quantas formas se pode fazer isto?*

Solução

Para que a soma dos números inteiros escritos em cada linha seja ímpar, em cada uma das linhas deve ter uma quantidade ímpar de números ímpares. Logo, como o tabuleiro é 4×4, *existe um ou três números ímpares em cada linha. Por outro lado, sabemos que dentre os números inteiros de* 1 *a* 16, *existem* 8 *ímpares:* $1, 3, 5, 7, 9, 11, 13, 15$. *Assim, necessariamente, existem duas linhas com três ímpares e duas com um ímpar cada uma. O mesmo acontece para as colunas.*

Agora, vamos calcular o número de maneiras de se escolher as casas onde hajam números ímpares escritos.

Podemos escolher duas linhas onde hajam três números ímpares de $\binom{4}{2} = 6$ *maneiras distintas. Agora, examinando as colunas, como existem duas delas com um número ímpar cada uma, as outras duas colunas devem ter dois números ímpares, exatamente nas linhas escolhidas anteriormente. Estas duas colunas podem ser escolhidas de* $\binom{4}{2} = 6$ *maneiras distintas. Observe que, em cada uma das duas linhas que possuem três números ímpares, resta escolher uma casa onde haja um número ímpar. Como não podem estar na mesma coluna, existem* 2 *maneiras de se escolher essas duas casas.*

As outras duas casas onde hajam números ímpares devem estar nas colunas onde hajam duas casas com números ímpares. Como não podem estar na

mesma linha, existem duas maneiras distintas de se escolher estas duas casas. No total, existem $\binom{4}{2}^2 \times 2 \times 2 = 144$ *maneiras de se escolher as* 8 *casas onde hajam números ímpares.*
Finalmente, observe que nestas casas existem 8! *maneiras diferentes de se escrever os números ímpares e nas casas restantes existem* 8! *maneiras distintas de se colocar os números pares. Portanto, a resposta é* $144 \times 8!^2$.

Exemplo 1.17. - *Escreve-se cada um dos números* $1, 2, 3, \cdots, (n-1)^2, n^2$ *em uma das* n^2 *casas de um tabuleiro* $n \times n$ *de tal maneira que em cada linha e em cada coluna tenhamos uma progressão aritmética. De quantas maneiras podemos fazer isto?*
Solução
Observe que, pelas hipóteses do problema, o número 1 *tem de ser escrito num canto do tabuleiro. Vamos supor que o número* 1 *seja escrito no canto inferior esquerdo. O número* 2 *tem de ser escrito na próxima casa horizontal ou vertical (adjacente à casa onde se encontra escrito o número* 1*). Vamos supor que o número* 2 *esteja escrito na casa horizontal a djacente a casa onde se escreveu o número* 1. *Isto significa que os números* $1, 2, 3, \cdots, n$ *estão escritos na primeira linha e o número* $(n+1)$ *tem de ser escrito na primeira casa da segunda linha, e assim por diante. Como a posição do número* 1 *pode ser escolhida de* 4 *modos distintos, e os números* $1, 2, 3, \cdots, n$ *ou ocupam a primeira linha ou primeira coluna, o número total de maneiras de se escrever os números* $1, 2, 3, \cdots, (n-1)^2, n^2$ *num tabuleiro de* n^2 *casas de tal maneira que em cada linha e em cada coluna tenhamos uma progressão aritmética é igual a* $4 \cdot 2 = 8$.

Exemplo 1.18. - *Temos um tabuleiro* 100×100. *As linhas foram numeradas de* 1 *a* 100, *de cima para baixo. Do mesmo modo, as colunas foram numeradas de* 1 *a* 100, *da esquerda para direita. Em seguida, em cada coluna, pintam-se as casas do tabuleiro que estão nas linhas cujo número é um divisor do número da coluna (por exemplo, na coluna* 12, *pintam-se as casa das linhas* 1, 2, 3, 4, 6 *e* 12*; na coluna* 13, *pintam-se as casas que estão nas linhas* 1 *e* 13*).*
(a) Determinar o número de casas que foram pintadas na sétima linha.
(b) Determinar o número de casas que foram pintadas em todo o tabuleiro.
(Olimpíada Matemática Rioplatense - 1998)
Solução

(a) Observe que uma casa da sétima linha estará pintada se, e só se, a coluna correspondente está numerada com um múltiplo de 7. *Para determinar quantos são os múltiplos de* 7 *menores do que ou iguais a* 100, *calculamos a parte inteira da fração* $\frac{100}{7}$, *que é igual a* 14, *pois* $14 \times 7 = 98 < 100$ *e* $15 \times 7 = 105 > 100$. *Portanto, a sétima fila possui* 14 *casas pintadas.*
(b) Para determinar o número de casas pintadas de todo o tabuleiro, somaremos os números de casas pintadas de cada uma das 100 *linhas. De maneira análoga ao item (a), para encontrar o número de casas pintadas na linha de número* n, *calculamos a parte inteira da fração* $\frac{100}{n}$. *Assim, as partes inteiras de*

$$\frac{100}{1}, \frac{100}{2}, \frac{100}{3}, \frac{100}{4}, \frac{100}{5}, \frac{100}{6}, \frac{100}{7}, \frac{100}{8}, \frac{100}{9}, \frac{100}{10}, \frac{100}{11}, \frac{100}{12}$$

são, respectivamente, 100, 50, 33, 25, 20, 16, 14, 12, 11, 10, 9, 8. *Por outro lado, se:*

$$13 \leq n \leq 14, \textit{ a parte inteira de } \frac{100}{n} = 7,$$

$$15 \leq n \leq 16, \textit{ a parte inteira de } \frac{100}{n} = 6,$$

$$17 \leq n \leq 20, \textit{ a parte inteira de } \frac{100}{n} = 5,$$

$$21 \leq n \leq 25, \textit{ a parte inteira de } \frac{100}{n} = 4,$$

$$26 \leq n \leq 33, \textit{ a parte inteira de } \frac{100}{n} = 3,$$

$$34 \leq n \leq 50, \textit{ a parte inteira de } \frac{100}{n} = 2,$$

$$51 \leq n \leq 100, \textit{ a parte inteira de } \frac{100}{n} = 1.$$

Portanto, a quantidade de casas do tabuleiro que estão pintadas é igual a

$$100 + 50 + 33 + 25 + 20 + 16 + 14 + 12 + 11 + 10 + 9 + 8 +$$

$$+ 2 \times 7 + 2 \times 6 + 4 \times 5 + 5 \times 4 + 8 \times 3 + 17 \times 2 + 50 \times 1 = 482$$

Capítulo 2

O problema das 8 Rainhas

Em 01 *de junho de* 1850 *no jornal "Gazeta Ilustrada", publicado na Alemanha (Illustrierte Zeitung), sob o tema "Xadrez", apareceu o seguinte problema, que tinha sido proposto dois anos antes numa revista alemã de xadrez (Berliner Schachzeitung) por "Schachfreund", pseudônimo de Max Friedrich Wilhelm Bezzel (1824-1871), enxadrista alemão, considerado o único grande jogador e Mestre em Xadrez da Baviera até* 1870*:*
Distribuir 8 *rainhas num tabuleiro de xadrez de tal forma que nenhuma delas ameace outra.*

*Algum tempo depois (*29 *de julho de* 1850*), na mesma Gazeta, foi dito que* 60 *era o número de soluções, mas na realidade o número de soluções era maior, e ali mesmo, em setembro do mesmo ano, foi corrigido, por Franz Nauck* (1815 – 1902)*, que era então professor de Matemática no Ginasium em Schleusingen (hoje Hennebergisches Gymnasium "Georg Ernst") (veja [8], página* 21*), para o número verdadeiro de soluções que é* 92*, mas sem apresentar uma prova conclusiva.*

O genial matemático alemão Gauss (Johann Carl Friedrich Gauss (1777 – 1855)*), lendo o Gazeta Ilustrada, se interessou por este problema. Em suas correspondências com outro matemático Schumacher (Heinrich Christian Schumacher* (1780 – 1850)*), algumas vezes fez menção a este problema. Rapidamente, Gauss encontrou* 72 *soluções para o problema. Interessante notar que Gauss desconfiava da veracidade das* 92 *soluções. Nos tempos atuais, o problema formula-se da seguinte maneira:*

No tabuleiro de n^2 casas distribui-se n rainhas, de tal forma que nenhuma ameace outra. Determine o número de soluções possíveis.

Este problema se revelou muito difícil de tal modo que até agora não foi encontrado um método geral para atacá-lo. Muitos foram os matemáticos que tentaram resolver o problema. Sobre as dificuldade vamos falar mais tarde, por enquanto notemos que este problema pode ser formulado em termos de outras peças do xadrez, precisamente para torres e bispos, que, neste caso, a solução pode ser obtida mais facilmente. Por este motivo, começaremos o capítulo resolvendo estes casos simples.

2.1 O problema das Torres

Precisamos determinar o número de todas as possíveis distribuição das n torres no tabuleiro, de tal forma que nenhuma torre ameace outra. A solução deste problema, como veremos agora, não apresenta dificuldade.

Sejam n torres distribuídas no tabuleiro, de tal forma que nenhuma torre ameace outra.

Usando a notação de cada casa com ajuda de um par de números, podemos representar esta distribuição de torres da seguinte forma:

$$\boxed{(a_1,b_1),(a_2,b_2),(a_3,b_3),\ldots,(a_n,b_n)} \qquad (1)$$

É fácil ver que, devido ao movimento da peça, numa mesma coluna duas torres não podem ficar, senão elas se ameaçariam. Desta forma, todos os números a_1, a_2, $a_3,\ldots,$ a_n devem ser distintos. Assim, podemos escrever:

$$a_1 < a_2 < a_3 < a_4 < \ldots < a_n.$$

Mas, estes n números podem tomar valores inteiros de 1 até n e por isso

$$a_1 = 1,\ a_2 = 2,\ a_3 = 3,\ a_4 = 4,\ldots,\ a_n = n,$$

isto é, podemos escrever (1) assim:

$$\boxed{(1,b_1),\ (2,b_2),\ (3,b_3),\ldots,\ (n,b_n)} \qquad (2)$$

Exatamente numa linha não podem ficar duas torres, e por isso os números $b_1, b_2, b_3, \ldots, b_n$ *são distintos. Como estes* n *números podem tomar valores de* 1 *até* n, *então entre os números* $b_1, b_2, b_3, \ldots, b_n$ *devem ter os valores* $1, 2, 3, \ldots, n$. *Em outras palavras,* $b_1, b_2, b_3, \ldots, b_n$ *são os números* $1, 2, 3, \ldots, n$ *distribuídos em alguma ordem. Desta forma,* $b_1, b_2, b_3, \ldots, b_n$ *é uma permutação dos números* $1, 2, 3, \ldots, n$. *Por outro lado, formando as permutações dos* n *números* $b_1, b_2, b_3, \ldots, b_n$ *e escrevendo a sequência (2), obtemos uma disposição de torres, na qual nenhuma torre ameaça outra. Realmente, em cada coluna e em cada linha do tabuleiro encontra-se uma peça. Assim, existem tantas soluções do problema quantas permutações de* n *números podemos formar, isto é, temos*

$$\boxed{P_n = n!}$$

soluções. Em particular, para o tabuleiro $n = 8$, *temos* $P_8 = 8! = 40.320$. *Podemos obter todas estas soluções formando todas as possíveis permutações dos* 8 *números:*

$$1, 2, 3, 4, 5, 6, 7, 8.$$

Não vamos nos ocupar das mais de 40 *mil soluções, somente vamos nos limitar a três soluções!*

A mais simples distribuição dos números é obviamente:

$$\boxed{1, 2, 3, 4, 5, 6, 7, 8.} \qquad (3)$$

Ela nos leva a seguinte solução:

$$(1,1),\ (2,2),\ (3,3), \cdots\ (n,n),$$

ou na escrita enxadrista:

$$a1,\ b2,\ c3,\ d4,\ e5\ ,\ f6,\ g7,\ h8,$$

isto é, todas as torres estão distribuídas na diagonal principal negra, veja Figura 3.1 acima. Outra solução obteremos se tomarmos

$$8, 7, 6\ , 5, 4, 3, 2, 1,$$

que é o mesmo que

$$(1,8),\ (2,7),\ (3,6),\ (4,5),\ (5,4),\ (6,3),\ (7,2),\ (8,1),$$

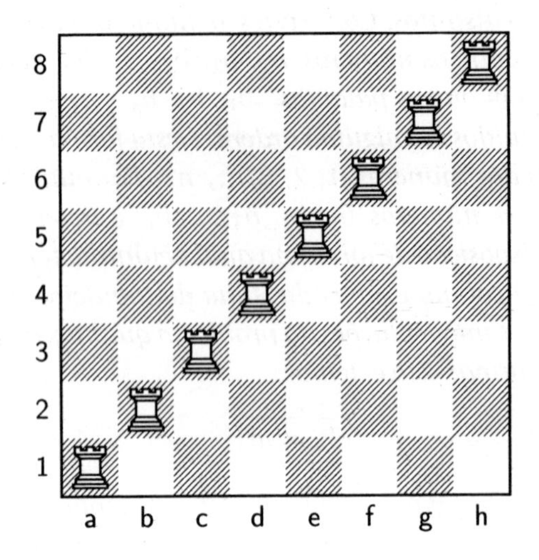

Figura 2.1: Torres Distribuídas na Diagonal Principal Preta

ou ainda

$$a8,\ b7,\ c6,\ d5,\ e4,\ f3,\ g2,\ h1.$$

Isto é, todas as torres estão na diagonal principal branca, veja Figura 3.2. Por fim, formemos a seguinte distribuição

$$2,\ 1,\ 3,\ 5,\ 6,\ 7,\ 8,\ 4,$$

obtendo

$$(1,2),\ (2,1),\ (3,3),\ (4,5),\ (5,6),\ (6,7),\ (7,8),\ (8,4)$$

que é o mesmo que

$$a2,\ b1,\ c3,\ d5,\ e6,\ f7,\ g8,\ h4.$$

Isto é, um exemplo de arrumação das 8 *torres sem que uma ataque qualquer outra, veja Figura 3.3.*
Desafiamos o leitor para criar outras soluções.

Agora, compliquemos um pouco o problema das torres, exigindo adicionalmente que nenhuma torre esteja na diagonal principal preta. Esta consideração complica consideravelmente a solução do problema.

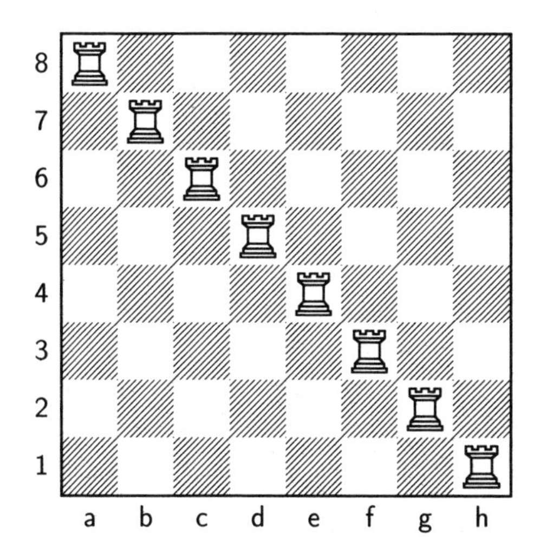

Figura 2.2: Torres Distribuídas na Diagonal Principal Branca

Um dos grandes matemáticos do século XVIII, Euler (Leonhard Paul Euler (1707 – 1783)*), tentou definir o número* Q_n *de todas as distribuições das* n *torres no tabuleiro com* n^2 *casas, de modo que não estejam na diagonal principal preta e não ameace uma a outra, mas ele somente determinou a relação seguinte:*

$$\boxed{Q_n = (n-1)(Q_{n-1} + Q_{n-2})} \qquad (4)$$

que conhecendo Q_{n-1} *e* Q_{n-2} *podemos definir* Q_n. *De fato, usando a fórmula* (4), *podemos, para um* n *dado, calcular* Q_n *passo a passo, mas a fórmula geral para* Q_n *não está definida com isto.*

A expressão geral de Q_n *foi obtida muito tempo depois com a ajuda do cálculo simbólico (isto é, cálculo feito usando expressões formadas por símbolos e objetos numéricos ligados por operadores (funções)) e somente depois disto foi apresentada uma solução elementar do problema.*

Inicialmente, vamos deduzir a fórmula (4). *Em cada coluna deve encontrar-se uma e somente uma torre. Suponha para começarmos que, na primeira coluna, a torre encontra-se na casa* $a3$, *veja Figura 3.4.*

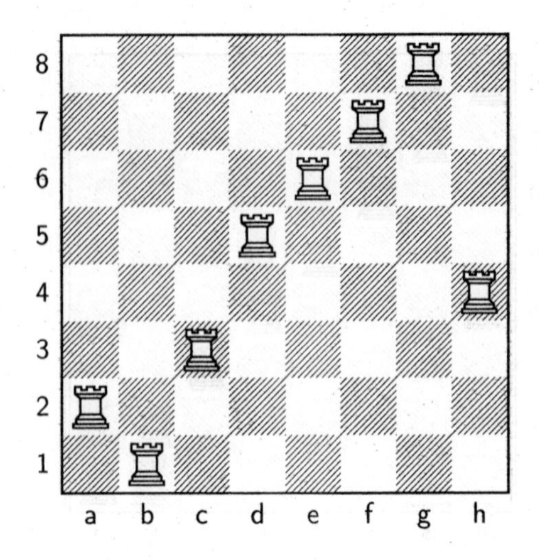

Figura 2.3: Torres distribuídas sem que uma ataque qualquer outra

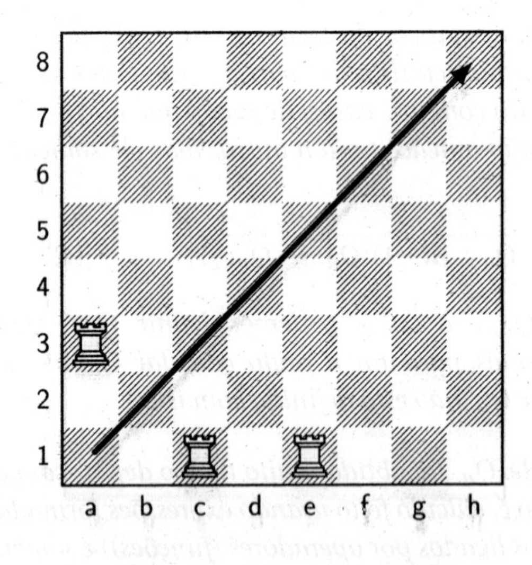

Figura 2.4: Torre na casa a3

De um modo geral, na primeira coluna, uma torre pode ocupar $(n-1)$ *posições, pois a casa situada no canto inferior à esquerda está na diagonal principal preta e, como estamos supondo que nenhuma torre esteja nesta diagonal, desconsidera-se esta casa. Assim, é possível somente dois casos:*

(a) Na primeira linha temos uma torre na casa $c1$, *na posição simétrica a* $a3$ *relativamente à diagonal preta.*

Isto significa que a abscissa da casa $c1$ *é igual a ordenada da casa* $a3$, *veja Figura 3 acima. Então, eliminando as linhas e colunas que contenham as casas* $a3$ *e* $c1$, *obtemos um tabuleiro com* $(n-1)^2$ *casas, nas quais estão distribuídas as* $(n-2)$ *torres restantes. Além disso, estas torres podem ser colocadas no tabuleiro obtido de* Q_{n-2} *formas distintas. Mas, a casa* b *pode ser escolhida dentre as* $(n-1)$ *posições na primeira coluna. Por isso, neste caso, vamos ter* $(n-1)Q_{n-2}$ *possíveis distribuições das torres.*

(b) Na primeira linha, temos uma torre ocupando a casa $e1$ *que não é simétrica a casa* $a3$ *relativamente à diagonal preta.*

Troquemos entre si as colunas que contêm as casas $a3$ *e* $e1$. *Depois desta transposição, a casa* $e1$ *estará na primeira linha sobre a diagonal principal preta enquanto a casa* $a3$ *estará fora da diagonal. Agora, eliminando a primeira linha e primeira coluna obteremos um tabuleiro com* $(n-1)^2$ *casas e nele distribuídas* $(n-1)$ *torres, que não se ameacem uma a outra e que estão colocadas fora da diagonal principal preta. Portanto, neste caso, o número total de distribuições será igual a* $(n-1)Q_{n-1}$.
Com estes dois casos cobrimos todos os outros possíveis casos. Portanto, temos que

$$Q_n = (n-1)Q_{n-2} + (n-1)Q_{n-1}.$$

Colocando em evidência $(n-1)$, *obtemos*

$$\boxed{Q_n = (n-1)(Q_{n-2} + Q_{n-1})},$$

que é a igualdade de Euler.

A seguir, vamos expressar o valor de Q_n *em função de* n.

Como foi dito acima, existem duas soluções: uma elementar e outra mais complexa, feita com ajuda do cálculo simbólico. Vamos nos limitar somente à primeira solução.
Inicialmente, é fácil verificar que $Q_2 = 1$ *e* $Q_3 = 2$. *Na realidade, no tabuleiro com* 4 *casas podemos colocar as torres somente de uma única forma e para um tabuleiro com* 9 *casas, podemos colocar as torres de duas maneiras possíveis, veja Figura 3.5, a seguir: Agora, observe o fato seguinte: se à* $3Q_2$

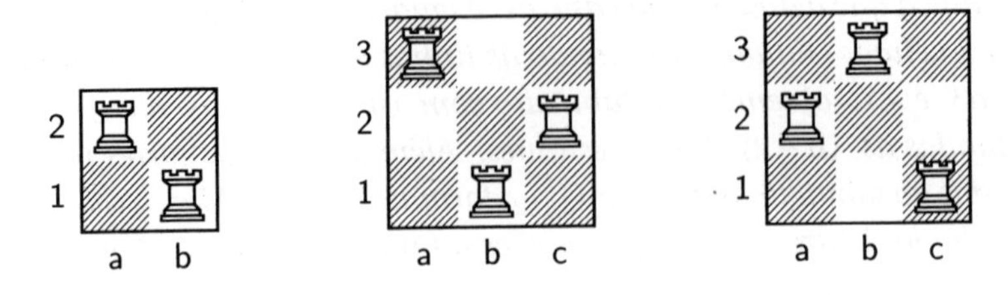

Figura 2.5: $n = 2,\ Q_2 = 1,\ n = 3,\ Q_3 = 2$

somamos $(-1)^3$, *obtemos justamente* Q_3.
Mostraremos que este fato é verdadeiro para qualquer n. *Isto é, que*

$$\boxed{Q_n = nQ_{n-1} + (-1)^n}. \qquad (5)$$

É suficiente mostrar que: se vale a igualdade

$$\boxed{Q_k = kQ_{k-1} + (-1)^k} \qquad (6)$$

para todo $k \le n-1$, *então a igualdade (5) também é verdadeira.*
Para isto, reescrevemos a igualdade (4) como

$$Q_n = (n-1)Q_{n-2} + (n-1)Q_{n-1}.$$

De acordo com (6)

$$Q_n = nQ_{n-1} + (-1)^n.$$

Logo, segue que

$$(n-1)Q_{n-2} = Q_{n-1} - (-1)^{n-1} = Q_{n-1} + (-1)^n.$$

Colocando esta última expressão para $(n-1)Q_{n-2}$ *na expressão de Euler para* Q_n*, obtemos:*

$$Q_n = [Q_{n-1}+(-1)^n]+(n-1)Q_{n-1} = [(n-1)Q_{n-1}+Q_{n-1}]+(-10^n) = nQ_{n-1}+(-1)^n,$$

que é a igualdade (5).
Agora, sem dificuldades, podemos obter a expressão para Q_n *em função de* n.
Para atingir este objetivo, dividamos ambas as partes de (5) por $n!$*:*

$$\frac{Q_n}{n!} = \frac{nQ_{n-1}}{n!} + \frac{(-1)^n}{n!},$$

que simplificando obtemos:

$$\frac{Q_n}{n!} = \frac{Q_{n-1}}{(n-1)!} + \frac{(-1)^n}{n!}.$$

Agora, supondo n *sucessivamente igual a* n, $(n-1)$, $n-2),\ldots, 4, 3$, *teremos uma sequência de igualdades:*

$$\frac{Q_n}{n!} = \frac{Q_{n-1}}{(n-1)!} + \frac{(-1)^n}{n!}$$

$$\frac{Q_{n-1}}{(n-1)!} = \frac{Q_{n-2}}{(n-2)!} + \frac{(-1)^{(n-1)}}{(n-1)!}.$$

$$\frac{Q_{n-2}}{(n-2)!} = \frac{Q_{n-3}}{(n-3)!} + \frac{(-1)^{(n-2)}}{(n-2)!}.$$

$$\ldots\ldots\ldots\ldots\ldots\ldots\ldots\ldots$$

$$\frac{Q_3}{3!} = \frac{Q_2}{2!} + \frac{(-1)^3}{3!}.$$

Somando membro a membro todas as igualdades e, após as simplificações, obtemos a fórmula:

$$\frac{Q_n}{n!} = \frac{(-1)^n}{n!} + \frac{(-1)^{n-1}}{(n-1)!} + \ldots + \frac{(-1)^3}{3!} + \frac{Q_2}{2!}.$$

Agora, multiplicando ambos os lados da última igualdade por $n!$*, trocando* Q_2 *por* 1 *e reescrevendo em ordem inversa o lado direito da igualdade, obtemos:*

$$\boxed{Q_n = n!\left(\frac{1}{2!} - \frac{1}{3!} + \frac{1}{4!} - \cdots + \frac{(-1)^n}{n!}\right)} \qquad (7)$$

Por esta fórmula, para um tabuleiro com 8×8 *casas, obtemos para o problema*

$$Q_8 = 8!\left(\frac{1}{2!} - \frac{1}{3!} + \frac{1}{4!} - \frac{1}{5!} + \frac{1}{6!} - \frac{1}{7!} + \frac{1}{8!}\right) = 14.833$$

soluções do tipo Euler.

2.2 O problema dos Bispos

A definição do número F_n *de todas as possíveis distribuições de* n *bispos num tabuleiro com* n^2 *casas é mais complicado do que o problema das torres.*
Até agora não é conhecida a fórmula geral para o número destas distribuições, apesar de termos alguns métodos.
Para o caso do tabuleiro 8×8, *com* 64 *casas, o problema foi resolvido pelo matemático francês Porrot (Michel Porrot (1782-1832)) mas, faremos a solução para o caso particular, mais simples, do tabuleiro com* $4 \times 4 = 16$ *casas.*
Chamaremos de bispo preto, se ele é um bispo que está numa casa preta do tabuleiro e bispo branco se é um bispo localizado numa casa branca do tabuleiro. É fácil ver que, pelas hipóteses do problema, podemos colocar no tabuleiro três bispos brancos e um bispo preto, dois brancos e dois bispos pretos etc. Também é fácil ver que para k, *com* $k \leq 3$, *podemos distribuir* k *bispos de mesma cor de tal forma que nenhum ameace o outro.*
Denotemos por f_n *o número de distribuições semelhantes. O produto* $f_k f_s$, *com* $k + s \leq 4$, *denota de quantas formas podemos distribuir* k *bispos brancos,* s *pretos ou* s *bispos pretos e* k *bispos brancos, de tal forma que nenhum ameace o outro.*
Daqui obtemos

$$f_4 = f_3 f_1 + f_2 f_2 + f_1 f_3 = 2 f_1 f_3 + f_2^2.$$

Como calcular esses números?

Denotemos por $+$ *todas as casas brancas do tabuleiro* 4×4, *veja Figura 3.6 (A) a seguir. Agora giramos o tabuleiro em* 45^0 *no sentido horário. Como consequência, os + ocuparão a situação da Figura 3.6 (B).*
O movimento do bispo branco no tabuleiro, Figura 3.6 (B), não vai ser diferente do movimento da torre. Por isso, chegamos ao seguinte problema:

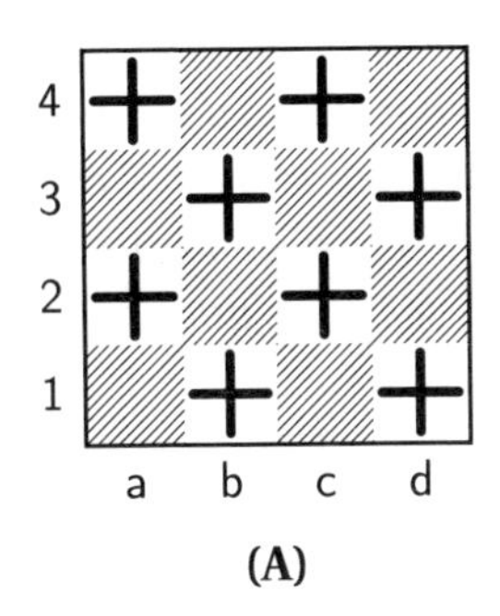

(A)

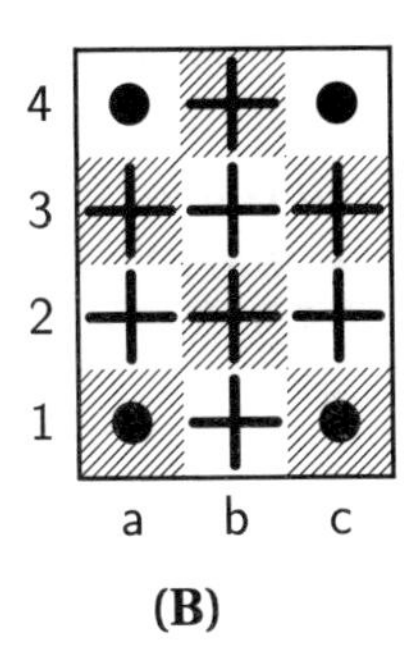

(B)

Figura 2.6:

De quantas maneiras podemos distribuir k torres, com $k \geq 1, 2, 3,$ *no tabuleiro, Figura 3.6 (B), de tal forma que nenhuma delas ameace a outra?*

O tabuleiro considerado pode ser complementado até um tabuleiro retangular, de 12 *casas, adicionando quatro casas, ver Figura 3.6 (B); as casas adicionadas estão denotadas por* $(\bullet)$ *(círculos negros).*
Desta forma, o tabuleiro da Figura 3.6 (B) consta de duas partes: as casas da primeira parte são denotadas por círculos negros e as casas da segunda parte são denotadas por +.
Inicialmente, resolveremos um problema auxiliar.
Seja um tabuleiro com $p \times q$ *casas:* p *casas em latitude e* q *casas em longitude. Denotemos por* E_r *o número das possíveis colocações das* r *torres neste tabuleiro. Agora, considere as casas do tabuleiro divididas em duas partes. Chamaremos as colocações consideradas das* r *torres de* **colocações de** $(s+1)$ ***classe****, se* $(r-s)$ *peças encontram-se nas casas da primeira parte e o resto das* s *peças nas casas da segunda parte.*
Denotemos pelo símbolo T_r^s *o número de colocações de* $(s+1)$ *classes:*

$$E_r = T_r^0 + T_r^1 + T_r^2 + \ldots + T_r^r.$$

Tomemos as soluções de classe s. *É fácil ver que,* $(p-r)(q-r)$ *casas que estão na interseção da* $(p-r)$ *coluna e* $(q-r)$ *linha estarão livres de ataque de peças. Em uma destas casas podemos colocar uma nova torre e ela não será ameaçada. Portanto, obtemos:*

$$(p-q)(q-r)T_r^{s-1}$$

colocações de $(r+1)$ *peças não se ameaçando uma às outras.*
Nem todas destas $(p-q)(q-r)T_r^{s-1}$ *soluções são verdadeiramente diferentes. Algumas delas são iguais. Para estabelecer o número de soluções iguais notamos que entre as soluções deste tipo algumas pertencem à classe* s, *outras à classe* $(s+1)$, *de acordo se a nova torre encontra-se numa casa da primeira parte ou numa casa da segunda parte. É fácil ver que, entre estas soluções temos:*

$$\boxed{(1-s+2)T_{r+1}^{s-1}} \qquad (10)$$

soluções da classe s. *Na verdade, neste caso as* $(r-s+2)$ *torres estão nas casas da primeira parte e entre elas nossa nova torre.*
Podemos considerar qualquer das $(r-s+2)$ *torres como esta nova torre, donde obtém-se a fórmula* (10). *Da mesma forma obtemos:*

$$\boxed{sT_{r+1}^{s}} \qquad (11)$$

soluções de classe $(s+1)$. *Como com as soluções* (10) *e* (11) *cobrimos todas as soluções* (8), *então no final temos:*

$$\boxed{(p-r)(q-r)T_r^{s-1} = (r-s+2)T_{r+1}^{s-1} + sT_{r+1}^{s}} \qquad (12)$$

Se é conhecida a solução do problema e a colocação das torres para uma parte do tabuleiro, então com o uso das fórmulas (8) *e* (12) *o problema se resolve para a segunda parte do tabuleiro e para todo o tabuleiro. Desta forma nosso objetivo é alcançado.*
Voltemos novamente ao tabuleiro retangular de 12 *casas, veja Figura 8. Aqui, as casas marcadas por regiões circulares denotam as casas da primeira parte e os* **X**, *as casas da segunda parte. Para a primeira parte podemos estabelecer empiricamente que*

$$T_1^0 = 4;\ T_2^0 = 2;\ T_3^0 = T_4^0 = 0;\ T_1^1 = 8.$$

Realmente, como a primeira parte do tabuleiro consta de 4 *casas angulares, então uma torre pode movimentar-se nestas casas de* 4 *formas, donde* $T_1^0 = 4$.
Duas torres nas casas da primeira parte podem movimentar-se de duas formas, de tal maneira que nenhuma peça ameace a outra. Daqui, temos que $T_2^0 = 2$.
Três torres já não podem se movimentar da forma exigida: elas constantemente vão se ameaçar e, por isto, $T_3^0 = 0$.

Analogamente, temos $T_4^0 = 0$.
Por fim, a segunda parte do tabuleiro consta de 8 *casas, e por isto temos* $T_1^1 = 8$.
Agora usemos a fórmula (12). *Temos:*

$$p = 3 \quad e \quad q = 4,$$

donde temos:

$$\boxed{(4-r)(3-r)T_r^{s-1} = (r-s+2)T_{r+1}^{s-1} + sT_{r+1}^s} \qquad (13).$$

Pondo em (13), *os valores* $r = 1$ *e* $s = 1, 2$, *obtemos:*

$$3.2T_1^0 = 2T_2^0 + T_2^1;$$

$$3.2T_1^1 = T_2^1 + 2T_2^2;$$

donde concluímos que:

$$T_2^1 = 20 \quad e \quad T_2^2 = 14.$$

Portanto, na segunda parte do tabuleiro, as duas torres podem se colocar de 14 *formas, de tal maneira que nenhuma ameace a outra.*
Para $r = 2$ *e* $s = 1, 2, 3$ *obtemos:*

$$2T_2^0 = 3T_3^0 + T_3^1;$$

$$2T_2^1 = 2T_3^1 + T_3^2;$$

$$2T_2^2 = T_3^2 + 3T_3^3.$$

Donde segue que

$$T_3^1 = 4;$$

$$T_3^2 = 16;$$

$$T_3^3 = 4,$$

Isto é, três torres podem ser posicionadas de quatro formas na segunda parte do tabuleiro de tal forma que nenhuma peça ameace a outra.
Voltamos agora ao problema inicial dos bispos. Acima construímos um tabuleiro que consistia de duas partes, veja Figura 8. Acabamos de obter para este tabuleiro

$$T_1^1 = 8;$$

$$T_2^2 = 14;$$

$$T_3^3 = 4.$$

Mas, T_1^1, T_2^2, T_3^3 *não são mais que* f_1, f_2, f_3, *donde:*

$$F_4 = 2f_1f_3 + f_2^2 = 2 \times 8 \times 4 + 14^2 = 260,$$

isto é, no tabuleiro com 16 *casas o problema com* 4 *bispos permite* 16 *soluções.*
Da mesma forma, Perrot estabeleceu 22.522.960 *soluções para o tabuleiro comum com* 64 *casas.*

2.3 problema sobre n Rainhas

Como foi dito acima, este problema ainda não está solucionado, mas alguns resultados foram obtidos.
Inicialmente, é natural apresentar a seguinte questão:

O problema admite solução para qualquer tabuleiro?

Acontece que, para tabuleiros com 4 *ou* 9 *casas, não existe solução. Para* 16 *casas* $(n = 4)$ *existe a solução seguinte, veja a Figura 9 a seguir. Tente-*

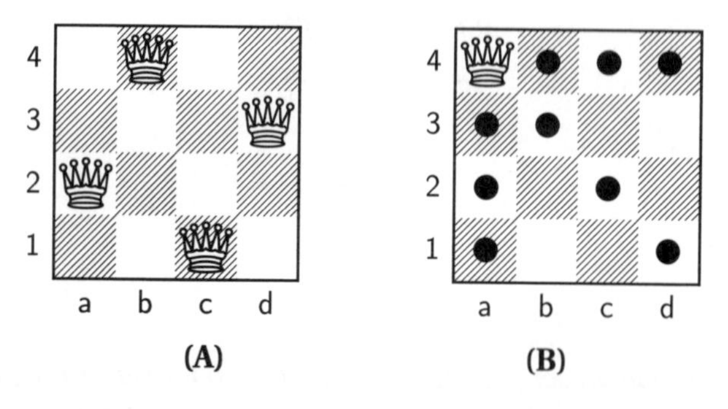

Figura 2.7:

mos encontrar todas as soluções para $n = 4$. *Vamos seguir o raciocínio de Gauss. Inicialmente, é fácil ver que em cada linha deve ficar uma e somente*

uma rainha. Por isto, em uma das casas da primeira linha a4, b4, c4, d4, *veja Figura 10, deve, obrigatoriamente, estar uma rainha. Temos as seguintes hipóteses:*
(i)Suponhamos que a rainha se encontre na casa a4 *e indiquemos com círculos todas as casas que a rainha ameace, veja Figura 10.*
A segunda rainha necessariamente deve ser colocada em uma das casas da segunda linha. Podemos escolher somente uma das casas: c3 *ou* d3.
Se colocamos uma rainha na casa c3, *então a segunda rainha vai ameaçar as casas* b2 *e* d2, *e por isto para a terceira rainha não encontramos uma casa livre na segunda linha, pois, de acordo com nossa notação, a segunda linha será completada com círculos.*
Suponhamos que a rainha se encontre na casa d3. *Neste caso, a única casa livre na segunda linha será* b2. *Mas, não encontraremos casa livre para a quarta rainha na primeira linha. Portanto, a solução do problema com a rainha na casa* a4 *não é possível.*
(ii) Suponhamos agora que a primeira rainha esteja na casa b4. *Logo, estamos na situação da Figura 12 a seguir.*

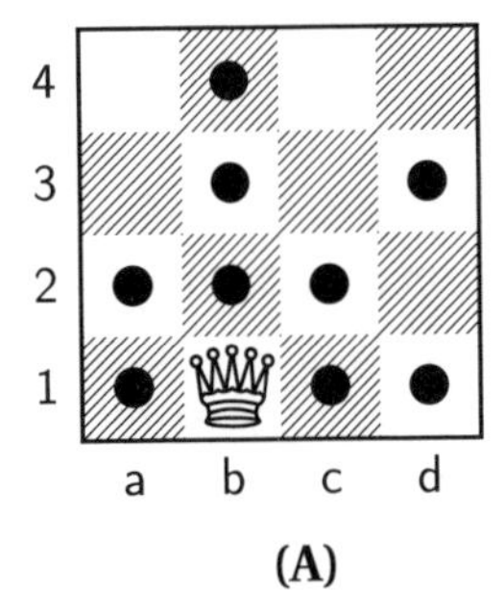

(A)

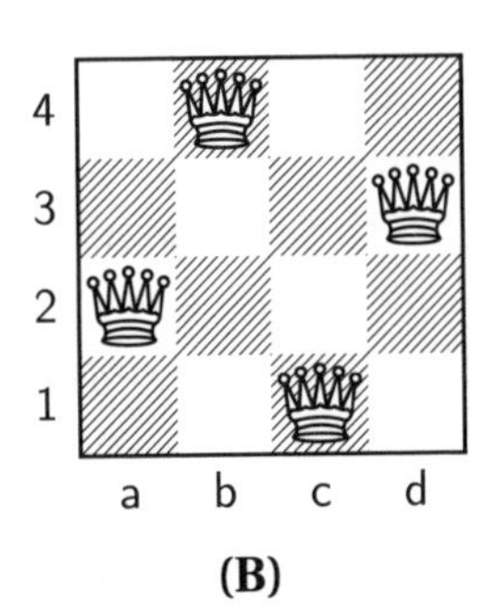

(B)

Figura 2.8:

Na terceira linha temos somente uma casa livre: d3. *Nesta casa colocamos a segunda rainha. Logo, na segunda linha temos uma única casa livre:* a2, *onde colocamos nela a terceira rainha. A quarta rainha colocamos na casa* c1. *Desta forma, obtemos a primeira solução, exatamente a solução que foi indicada antes, correspondendo a Figura 3.7A.*
(iii) Se colocamos a rainha na casa c4 *e raciocinamos como acima, então obtemos a segunda solução do problema, mas usando a primeira solução,*

podemos proceder de forma mais simples. Precisamente, trocamos as colunas de posição, veja Figura 3.7A. Isto é, a coluna d *colocamos no lugar da coluna* a, *a coluna* c *colocamos no lugar da coluna* b, *a coluna* b *no lugar da coluna* c *e, por fim, a coluna* a *no lugar da coluna* d *e novamente denotamos as colunas trocadas por* a, b, c, d. *Depois destas renomiações, obtemos a segunda solução do problema com a rainha na casa* c4, *veja Figura 3.8B.*
Chamaremos tal transposição de colunas de ***aplicação reflexão (espelho)*** *das colunas.*
Usando o método da aplicação relflexão, é fácil mostrar que não existe solução com a rainha em d4. *Realmente, se o problema admitisse uma solução, então refletindo (fazendo o espelho) as colunas, obteríamos solução com a rainha em* a4, *mas, já foi visto acima que não é possível. Daí segue que, para o tabuleiro de* $4 \times 4 = 16$ *casas, existe somente duas soluções com rainhas na quarta linha: rainha em* b4 *e rainha em* c4.
A seguir, um diagrama de [3], Lecture 3: [Fa'13], página 2, que ilustra a prova para o caso $n = 4$.
Agora, analisemos o tabuleiro com $5 \times 5 = 25$ *casas.*
Podemos com certeza afirmar que neste caso o problema admite solução.
Para isto, observemos que, se o tabuleiro de n^2 *casas é possível existir tal solução, onde numa diagonal principal não há rainhas, então rapidamente obtemos solução para o tabuleiro com* $(n+1)^2$ *casas. Precisamente a casa do canto do tabuleiro que encosta na diagonal analisada, rodeada por dois planos retangulares de tal maneira que forma um tabuleiro com* $(n+1)^2$ *casas, e então é suficiente colocar na nova casa do canto da nossa diagonal a* $(n+1)$ *rainha, para obter a solução desejada do problema. Assim, por exemplo, da solução com a rainha em* c1, *veja Figura 3.10, podemos obter a seguinte solução para o tabuleiro com* 25 *casas, veja Figura 13 a seguir,*
que escreveremos simplificadamente assim (5, 2, 4, 1, 3), *onde o primeiro número,* 5, *significa que a rainha da primeira coluna está na quinta casa, casa* a5; *o segundo número,* 2, *significa que a rainha da segunda coluna está na segunda casa, casa* b2; *e assim por diante. Por fim, o último número,* 3, *mostra que a rainha da última coluna encontra-se na terceira casa, casa* e3. *Este método de escrita, obviamente serve para qualquer tabuleiro e é muito útil.*
Para as 16 *casas, encontramos para o problema um total de* 2 *soluções. Muito mais soluções obtem-se para o tabuleiro de* 25 *casas. Assim, de* (5, 2, 4, 1, 3)

Figura 2.9: Ilustração para o caso 4

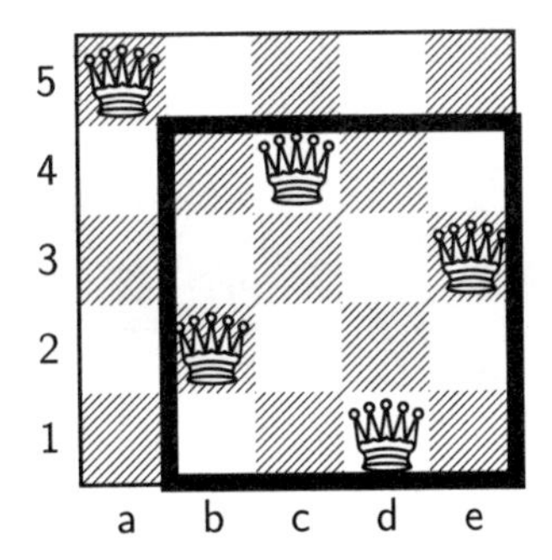

Figura 2.10:

pode-se facilmente obter novas soluções com o auxílio das rotações do tabu-

leiro de 90°, 180°, 270° *no sentido horário. Com estes métodos obteremos sucessivamente três soluções:*

(2, 4, 1, 3, 5); (3, 5, 2, 4, 1); (1, 3, 5, 2, 4),

veja Figura 3.11 a seguir. Também, usando o Método de Reflexão para

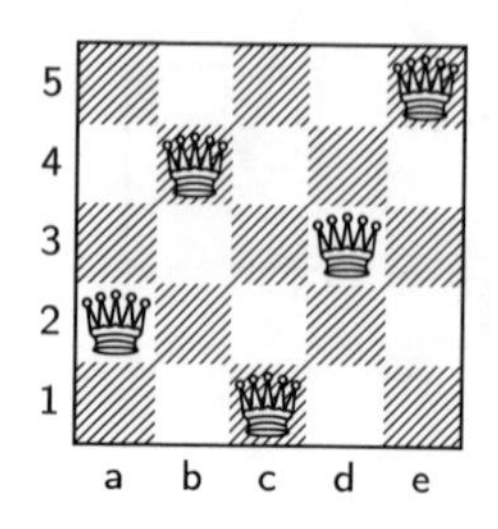

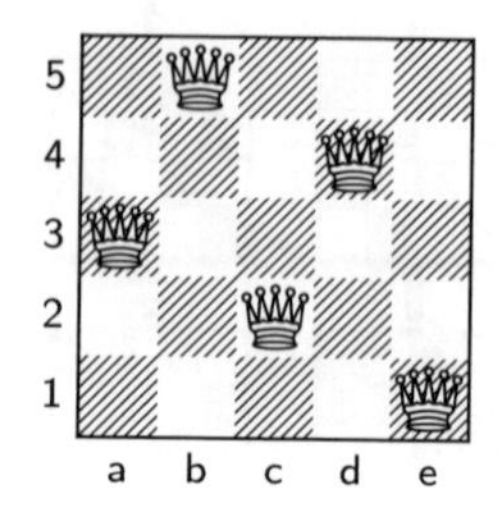

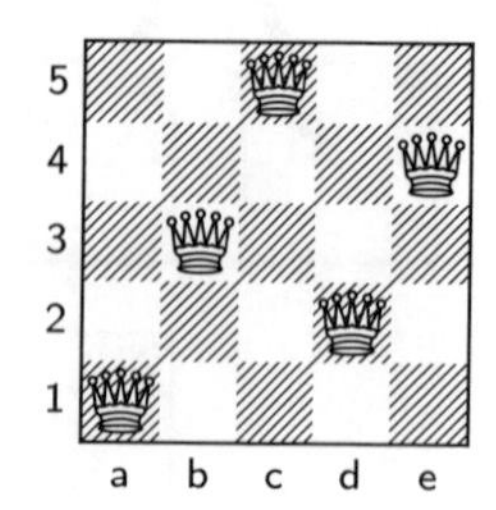

Figura 2.11:

(5, 2, 4, 1, 3), (2, 4, 1, 3, 5), (3, 5, 2, 4, 1) *e* (1, 3, 5, 2, 4),

obteremos respectivamente mais 4 *soluções:*

(3, 1, 4, 2, 5); (5, 3, 1, 4, 2); (1, 4, 2, 5, 3); (4, 2, 5, 3, 1),

veja Figura 3.12 a seguir. Além disso, é fácil ver que, a aplicação reflexão se

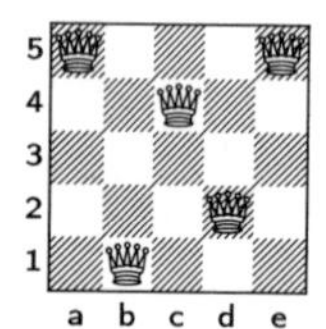

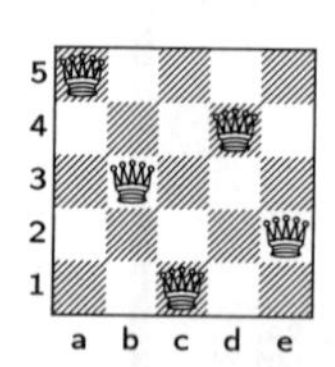

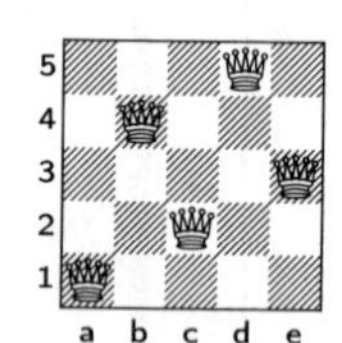

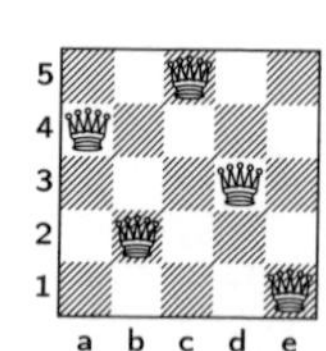

Figura 2.12:

reduz a escrever os números em ordem contrária. Por exemplo, escrevendo (5, 2, 4, 1, 3) *em ordem contrária, obtemos* (3, 1, 4, 2, 5).
Naturalmente, surge a pergunta:

Quantas soluções novas podemos obter, girando o tabuleiro e refletindo as colunas?

A resposta é dada pela seguinte afirmação:

Teorema 2.1. - *Girando o tabuleiro com n^2 casas e refletindo as colunas, sempre obteremos ou uma ou três ou sete novas soluções.*
Prova

A prova se reduz a uma sequência de quatro possíveis casos:
(a) Quando giramos o tabuleiro em $90°$ no sentido horário, obtem-se a primeira solução.
(b) Quando giramos o tabuleiro em $90°$ no sentido horário obtemos nova solução, mas quando giramos em $180°$ voltamos à primeira solução.
(c) Quando giramos o tabuleiro em $90°$ e $180°$ no sentido horário, obtemos novas soluções, mas no giro em $270°$ voltamos à primeira solução.
(d) Quando giramos o tabuleiro em $90°$, $180°$ e $270°$ no sentido horário, obtemos novas soluções.
É fácil ver que, dos casos (a), (b), (c) e (d) o caso (a) não é possível.
De fato, denotemos por A a primeira solução e por B e C soluções que se obtém com giros de $90°$ e $180°$ no sentido horário. Girando o tabuleiro em $270°$, obtemos a solução A. Girando novamente em $90°$, obtemos, por um lado, a solução B, e por outro a solução A, pois $270° + 90^o = 360°$.
Desta forma, as soluções B e A devem coincidir, o que é impossível, pois B, por hipótese, é diferente de A.
Assim, restam três casos: (a), (b) e (d).
No caso (a), com auxílio da reflexão das colunas, obtemos somente uma solução.
No caso (b), obtemos um total de três soluções: uma por meio de rotação e duas por meio de reflexões das colunas.
No caso (d), obtemos um total de sete novas soluções: três rotações do tabuleiro e quatro por meio da rotação e reflexões das colunas.
Desta forma, nossa afirmação está totalmente demonstrada.

As soluções do tipo (b) chamam-se ***simétricas duas vezes às do tipo (a).***
Todos esses métodos, conhecidos por Gauss, decididamente facilitaram a solução do problema para os casos dos tabuleiros com 25, 36, 49 e 64 casas,

mas quando se aumenta o número de casas, a definição do número de soluções fica muito trabalhoso e difícil. Além disso, estes métodos servem somente para analisar casos particulares e porque não é possível resolver o problema de forma geral. Infelizmente, até hoje não foi possível encontrar métodos gerais que permitam estabelecer uma fórmula do número de soluções para o tabuleiro com n^2 *casas.*
O famoso matemático alemão Landau (Edmund Georg Hermann Landau (1877-1938)) - tentou resolver o problema seguinte:

De quantas formas podemos colocar k *rainhas num tabuleiro com* n^2 *casas, de tal forma que nenhuma rainha ameace outra?*

Obviamente, quando $k = n$, *obtemos o problema comum sobre as rainhas formulado no começo deste capítulo. Landau conseguiu resolver o problema somente para os casos de duas ou três rainhas (ou seja, para* $k = 2$ *ou* $k = 3$*), inclusive com fórmulas muito elaboradas e não muito claras (ver Capítulo II, §8, pag. 53). Mas, se até agora a solução do problema não foi encontrada, então surge uma pergunta natural:*

Num tabuleiro com n^2 *casas, podemos colocar* n *rainhas de tal forma que nenhuma rainha ameace outra?*

A resposta a esta pergunta, o leitor encontrará no parágrafo seguinte. Agora, para finalisar, discutiremos a seguinte propriedade interessante da solução duas vezes simétrica:

Teorema 2.2. - *Se para o tabuleiro com* n^2 *casas o número* n *pode ser escrito na forma* $4k+2$ *ou* $4k+3$, *com* k *um número inteiro não negativo, então em tal tabuleiro de xadrez não existe a solução duas vezes simétrica.*
Prova

Suponhamos o contrário. Ou seja, existe uma solução duas vezes simétrica. Suponha que a rainha da primeira coluna ocupe a posição a, *veja Figura 3.13, a seguir. Giremos o tabuleiro de um ângulo de* $90°$. *Agora a rainha ocupa a posição* a_1. *Girando mais uma vez o tabuleiro de um ângulo de* $90°$, *a rainha da posição* a_1 *irá para a posição* a_2. *Por fim, rodando o tabuleiro mais uma vez de um ângulo de* $90°$, *obtemos a rainha na posição* a_3.

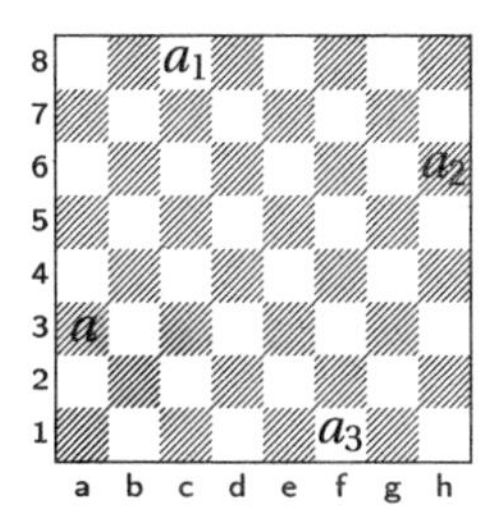

Figura 2.13:

Como a solução é duas vezes simétrica, então a rainha na posição a *deve obrigatoriamente corresponder as três rainhas nas posições* a_1, a_2, a_3.
De forma análoga, podemos provar que, se a rainha não está na casa central, então ela deve corresponder as três rainhas, com as quais ela deve coincidir respectivamente quando giramos o tabuleiro em $90°$, $180°$ *e* $270°$. *Portanto, todas as rainhas, exceto a que ocupa a casa central (se ela existir), podem ser agrupadas de tal forma que em cada grupo encontram-se* 4 *rainhas, com a condição de que uma das rainhas do grupo, quando rodamos em* $90°$, $180°$ *e* $270°$ *coincide com as outras três. Por isto, como no total temos* n *peças, obtemos que* $n = 4k$, *se o tabuleiro de xadrez não contém a casa central, e* $n = 4k+1$ *se o tabuleiro contém a casa central. Mas, por hipótese,* $n = 4k+2$ *ou* $n = 4k+3$, *que não é possível com as condições* $n = 4k$ *e* $n = 4k+1$. *Desta forma, chegamos a uma contradição, o que conclui a prova.*

Desse teorema, em particular, segue que para o tabuleiro com 36 *e* 49 *casas* ***não*** *existe uma solução duas vezes simétrica.*
A seguir, na Figura 3.14, mostramos para o caso $n = 8$ *as doze soluções fundamentais, de onde se obtém por rotações e reflexões as demais* 80 *soluções, totalizando* 92, *como afirmava Franz Nauck.*

2.4 Existência de Solução Geral do problema para n Rainhas

Coloquemos arbitrariamente n rainhas num tabuleiro com n^2 *casas de tal forma que em cada coluna encontra-se somente uma rainha. Suponhamos*

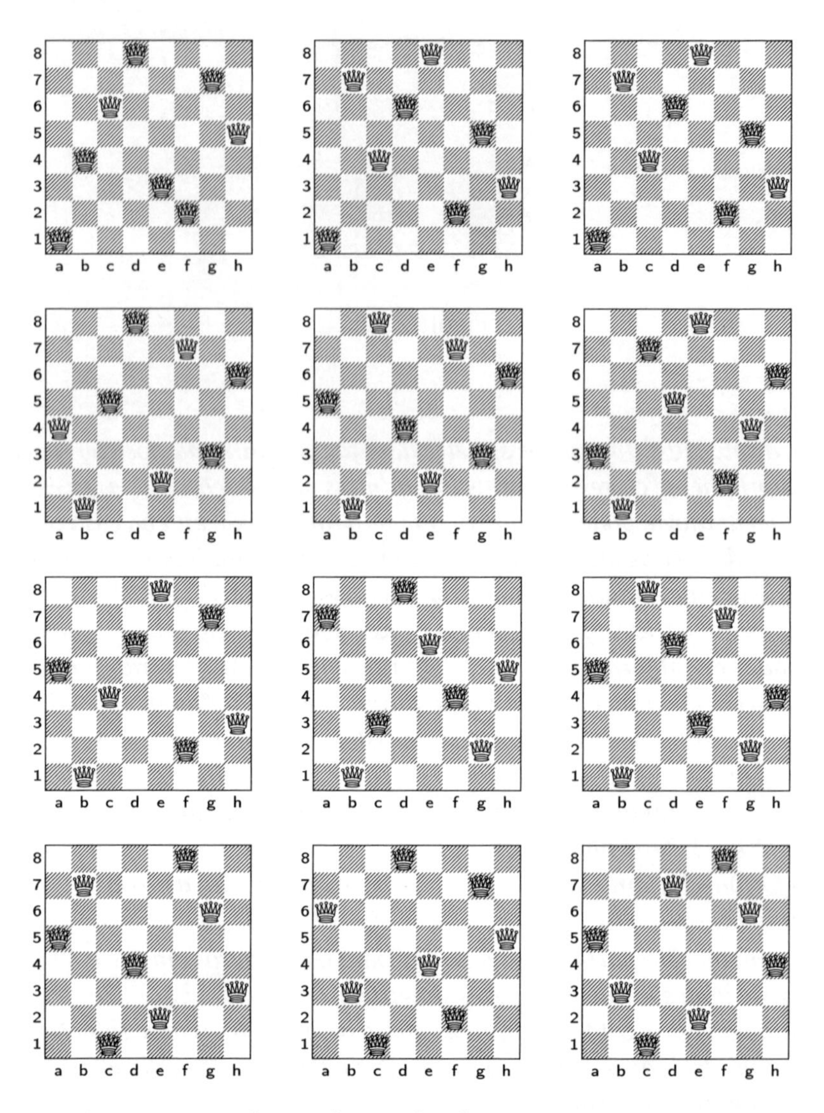

Figura 2.14: As doze soluções fundamentais para o caso n=8

que a posição das peças seja a seguinte:

$$(a_1,\ a_2,\ a_3, \ldots,\ a_n).$$

Nos preparamos para provar o seguinte

Teorema 2.3. - *Se* $a_l = a_k$ *ou* $a_l - a_k = \pm(l-k)$, *então as rainhas* $(l,\ a_l)$, $(k,\ a_k)$ *se ameaçam uma a outra; caso contrário, elas não se ameaçam uma a outra.*
Prova
A primeira parte é clara, pois as rainhas encontram-se numa mesma (linha) horizontal somente neste caso, quando $a_k = a_l$. *Quanto a segunda parte do teorema, podemos provar que nossas rainhas encontram-se em diagonal somente no caso em que*

$$(a_l - a_k) = l - k \ \text{ou}\ (a_l - a_k) = -(l - k).$$

De fato, suponhamos, por definição, que $l > k$. *As casas*

$$(k,\ a_k)\ e\ (k+1,\ a_k+1)$$

encontram-se em uma diagonal, pois duas casas adjacentes da coluna estão na diagonal se a ordenada da segunda casa é maior do que 1 *ou menor que a ordenada da primeira casa. Exatamente*

$$(k+1,\ a_k+1)\ e\ (k+2,\ a_k+2)$$

encontram-se na mesma diagonal que

$$(k,\ a_k)\ e\ (k+1,\ a_k+1).$$

Continuando nosso raciocínio até $(l,\ a_k + (l-k)$, *obtemos todas as casas*

$$(k,\ a_k);\ (k+1,\ a_k-1),\ (k+2,\ a_k-2);\ldots;(l,\ a_k-(l-k)),$$

que passa por $(k,\ a_k)$. *Mas, por* $(k,\ a_k)$ *podem passar somente duas diagonais. Por isso, se*

$$a_l - a_k \neq \pm(l-k)\ e\ (l > k),$$

então as casas $(k,\ a_k)$ *e* (l, a_l) *claramente não estão na diagonal, veja Figura 3.15 a seguir. Agora, com o auxílio do Teorema demonstrado acima, o problema sobre n rainhas podemos reduzí-lo ao seguinte:*
Escolha n *números* $a_1,\ a_2,\ldots,a_n$ *(onde* $a_1,\ a_2,\ldots,a_n$ *podem assumir valores inteiros de* 1 *a* n*) de tal forma que*

$$a_k \neq a_l\ e\ (a_l - a_k \neq \pm(l-k) \qquad (14)$$

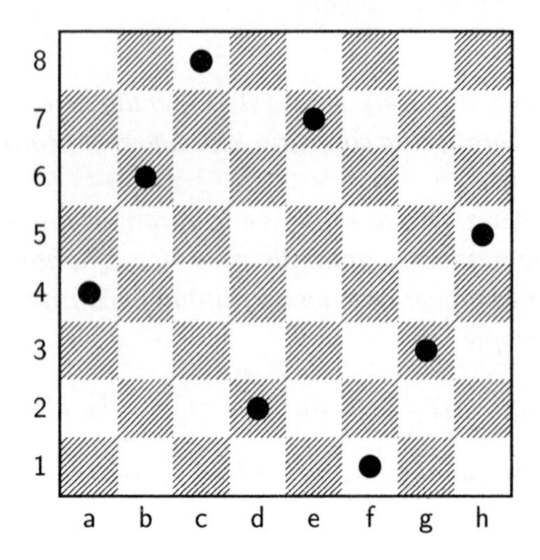

Figura 2.15:

para qualquer par de números a_k e a_l, e definir o número de soluções do problema.

A primeira metade do problema conseguimos resolver comparativamente fácil.

Assim, Pauls (Emile Pauls, matemático francês) encontrou para $n = 6k$ *ou* $n = 6k + 4$ *a seguinte solução*

$$2,\ 4,\ 6, \ldots, n,\ 1,\ 3,\ 5, \ldots,\ (n-1) \qquad (15)$$

O leitor pode verificar facilmente que a série de números apresentada satisfaz a condição (14). *A verificação se reduz a análise sequencial de três possíveis casos:*

(a) Os índices k *e* l *dos números* a_k *e* a_l *da série* (15) *não é superior a* $\frac{n}{2}$.

(b) Os índices k *e* l *dos números* a_k *e* a_l *da série* (15) *são maiores do que* $\frac{n}{2}$.

(c) Os índices k *dos números* a_k *não são superiores a* $\frac{n}{2}$ *e os índices* l *dos números* a_l *são maiores do que* $\frac{n}{2}$.

No caso (a), $a_k = 2k$; $a_l = 2l$ *e por isso* $(a_k - a_l \neq \pm(k-l)$, *pois, supondo o contrário, obtemos a igualdade:*

$$2(k-l) = \pm(k-l)$$

que simplificando nos dá $2 = \pm 1$, *que é uma contradição.*
Por fim, no caso (c) $a_k = 2k$, $a_l = 2t - 1$, *onde* $t = l - \frac{n}{2}$, *donde a igualdade* $a_k - a_l = \pm(k - l)$ *toma a forma seguinte*

$$2(k-l)+1 = \pm[(k-t) - \frac{n}{2}]$$

ou

$$(k-t)+1 = -\frac{n}{2},$$

que não é possível para $0 < k \leq \frac{n}{2}$; $0 < t \leq \frac{n}{2}$ *ou, depois das transfromações óbvias:* $6(k-t)+2 = n$, *que de novo não é possível quando* $n = 6k$ *e* $n = 6k+4$.
Desta forma e no caso (c), $a_k - a_l \neq (k-l)$. *Para* $n = 6k+2$, *o mesmo Pauls estabeleceu a solução:*

$$4,\ (n-2),\ (n-4), \ldots, 8,\ 6,\ n,\ 2,\ (n-1)$$

$$1,\ (n-5),\ (n-3), \ldots, 3,\ (n-3) \qquad (16)$$

Por exemplo, para $n = 6+2 = 8$ *(aqui* $k = 1$*), obtemos, de acordo com (16), a solução*

$$4,\ (8-2),\ 8,\ 2,\ (8-1),\ 1,\ (8-5),\ (8-3)$$

ou finalmente

$$4,\quad 6,\quad 8,\quad 2,\quad 7,\quad 1,\quad 3,\quad 5$$

Nas soluções (15) *e* (16) *as casas das diagonais principais estão livres de rainhas. Por isto, de acordo com a observação feita na seção anterior (página), temos a seguinte solução para* n *ímpar: Se* $n = 6k+1$ *ou* $n = 6k+5$, *então a solução será:*

$$n,\ 2,\ 4,\ 6, \ldots, (n-1),\ 1,\ 3,\ 5, \ldots, (n-2).$$

Se $n = 6k+3$, *então a solução será:*

$$n,\ 4,\ (n-3), \ldots, 8,\ 6,\ (n-1),\ 2,\ (n-2),$$

$$1,\ (n-6),\ (n-80), \ldots, 3,\ (n-4).$$

Dessa forma, para qualquer n *do tipo* $6k$, $6k+1$, $6k+2$, $6k+3$, $6k+4$, $6k+5$, *onde* k *é um número inteiro, com* $k \geq 1$. *Isto é,* $n \geq 6$ *provamos que o*

problema não admite solução. Por isto, agora com segurança, podemos dizer que, o problema da n *rainhas quando* $n > 3$ *sempre admite uma solução.*
O matemático francês Lucas (François Édouard Anatole Lucas (1842-1891) propôs outro método de solução, que não vale para todos os n. *Ele tomou um número arbitrário* a *e um número* d, *tal que os números* $d-1$, d *e* $d+1$ *não possuem um divisor em comum com* n, *e forme uma progressão aritmética:*

$$a,\ a+d,\ a+2d, \ldots, a+(n-1)d.$$

Ele também juntou uma série de restos, obtidos pela divisão de cada termo da progressão por n *(se o número for divisível por* n, *tomamos o resto como sendo* n*).*
Sejam a_1 *o resto da divisão de* a *por* n, a_2 *o resto da divisão de* $a+d$ *por* n, *e etc. Por fim,* a_n *é o resto da divisão de* $a+(n-1)d$ *por* n.
Assim, a sequência de números

$$a_1,\ a_2,\ a_3,\ \cdots,\ a_n$$

será a solução desejada para o problema se, e somente se, n *é divisível por* 2 *ou por* 3.
Por exemplo, para $n = 5$ *temos, fazendo* $a = 1$, $d = 2$, *a progressão aritmética:*

$$1,\ 3,\ 5,\ 7,\ 9,$$

donde se obtém tal solução

$$(1,\ 3,\ 5,\ 2,\ 4)$$

para o tabuleiro com 25 *casas.*
Mostremos que o método de Lucas realmente nos conduz ao objetivo, quando não se divide por 2 *ou por* 3.
Tomemos os termos $p-i$ *e* $q-i$ *da nossa progressão aritmética. Isto será, obviamente,*

$$u_p = a+(p-1)d \qquad e \qquad u_q = a+(q-1)d.$$

Subtraímos do primeiro o número do segundo, obtendo

$$[a+(p-1)d]-[a+(q-1)d] = (p-q)d.$$

Denotemos o resto e o divisor da divisão de u_p *e* u_q *por* n *por* a_p, b_p *e* a_q, b_q, *respectivamente. Assim, temos:*

$$u_p = nb_p + a_p; \qquad u_q = nb_q + a_q.$$

Devemos mostrar que $a_p \neq a_q$ *e* $a_p - a_q \neq \pm(p-q)$.
A primeira parte é óbvia, pois se $a_p = a_q$, *então* $u_p - u_q = (p-q)d$ *seria divisível por* n, *que não é possível, pois* d *não possui divisor comum com* n *(*d *e* n *são primos entre si),* $p-q \neq 0$ *e é menor do que* n, *por isso não pode ser divisível por* n.
Assim, resta mostrar que $a_p - a_q \neq \pm(p-q)$. *Suponha o contrário, ou seja,* $a_p - a_q = \pm(p-q)$. *Então*

$$u_p - u_q = n(b_p - b_q) + (a_p - a_q) = n(b_p - b_q) \pm (p-q).$$

Por outro lado, temos

$$u_p - u_q = (p-q)d,$$

donde podemos escrever

$$(p-q)d = n(b_p - b_q) \pm (p-q) \qquad ou \qquad (p-q)d \mp (p-q) = n(b_p - b_q),$$

isto é, finalmente

$$(p-q)(d \mp 1) = n(b_p - b_q).$$

Em outras palavras, $(p-q)(d \mp 1)$ *é divisível por* n. *Mas,* $d-1$ *e* $d+1$ *são primos entre si com* n, *o que implica que* n *divide* $(p-q)$. *Mas, isto é possível somente no caso em que* $p = q$. *Mas, temos* $p \neq q$. *Desta forma, temos*

$$(a_p - a_q) \neq \pm(p-q).$$

Concluindo, observamos que, quando n *é divisivel por* 2 *ou por* 3, *não é possível escolher* d *de tal forma que* d, $d+1$ *e* $d-1$ *sejam relativamente primos com* n. *De fato, se* n *é divisível por* 2, *então* d, *relativamente primo com* n, *deve ser ímpar. Mas, então* $d \pm 1$ *serão pares e por isto não serão relativamente primos com* n *nem divisível por* 3 *e por isto pode ser escrito na forma* $3k+1$ *ou* $3k-1$. *No caso de* $d = 3k+1$, *o número* $d-1 = 3k$ *não é relativamente primo com* n.
Quando n *não é divisível por* 2 *ou por* 3, *o número* d *sempre pode ser escolhido da maneira exigida.*

Para ilustrar, apresentamos a seguir uma tabela do número de soluções do problema das n Rainhas para diferentes tamanhos do tabuleiro, de 1 *a* 20. *Para cada tabuleiro, a tabela mostra o número de soluções totais e também o número de soluções antes de rotações e reflexões.*

Taman. do Tabul.	No. de Sol.	No. Sol. sem Rot. e Reflex.
1×1	1	1
2×2	0	0
3×3	0	0
4×4	2	1
5×5	10	2
6×6	4	1
7×7	40	6
8×8	92	12
9×9	352	46
10×10	724	92
11×11	2.680	341
12×12	14.200	1.787
13×13	73.712	9.233
14×14	365.596	45.752
15×15	2.279.184	285.053
16×16	14.772.512	1.846.955
17×17	95.815.104	11.977.939
18×18	666.090.624	83.263.591
19×19	4.968.057.848	621.012.754
20×20	39.029.188.884	4.878.666.808

Tabela 2.1: Quant. de soluções para o probl.das n rainhas
(Fonte: http://www.datagenetics.com/blog/august42012/)

Capítulo 3

Movimento das Peças

Neste capítulo nos ocuparemos da solução da seguinte questão:

De quantas maneiras distintas podemos deslocar uma peça de xadrez da casa (a,b) *para a casa* (a_1, b_1), *movendo o tempo todo em direção progressiva (i.e. para cima, para direita, para direita e para cima ao mesmo tempo)?*

Vamos ver a seguir que este problema, em alguns casos (movimento da torre), possui uma ligação forte com a Teoria dos Números, mais precisamente com a parte sobre os números inteiros que está dedicada à solução da questão da partição dos números em soma de termos inteiros e positivos.
Um protótipo de problema desta espécie é a questão sobre pesos:

Como escolher números inteiros $a_1, a_2, \ldots, a_n$ *de tal forma que qualquer número inteiro possa ser representado na forma de soma algébrica ou aritmética dos números* $a_1, a_2, \ldots, a_n$?

Este problema foi analisado por Fibonacci (Leonardo Fibonacci, também conhecido como Leonardo de Pisa, Leonardo Pisano ou ainda Leonardo Bigollo (1170-1250), notável matemático europeu da Idade Média.
As peças de xadrez podem se classificar em duas categorias: peças que têm atuação longa e peças que têm atuação não longas.
À primeira categoria pertencem respectivamente o bispo, a torre e a dama.
À segunda categoria pertence respectivamente o cavalo, o rei e o peão.
Começaremos este capítulo com casos simples, precisamente com os movi-

mentos do rei.

3.1 Movimento do Rei

Suponhamos, por exemplo, que o rei está na casa $e4$. *Num movimento, ele pode mover-se para uma das oito casas:* $e3$, $e5$, $d4$, $f4$, $d3$, $f5$, $d5$, *desde que as respectivas casas não estejam ocupadas, veja Figura 4.1 a seguir.*

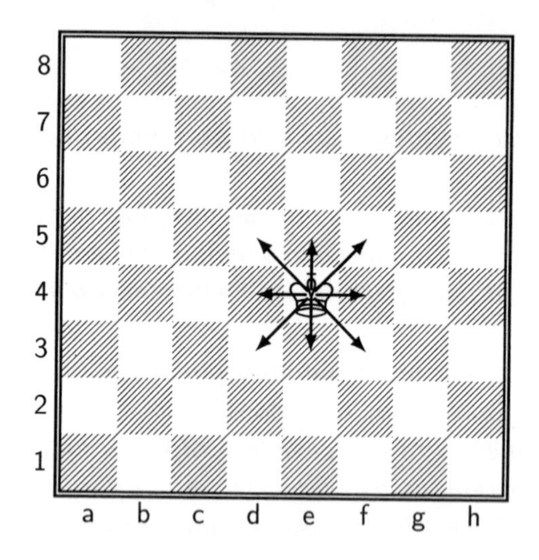

Figura 3.1: O movimento do Rei

Pergunta-se: Quais destes movimentos podem ser considerados progressivos?

No nosso exemplo, entendemos um movimento progressivo do rei como sendo um dos deslocamentos a seguir:

$$e4 - e5,\ e4 - f4,\ e4 - f5,$$

isto é, movimento para cima $(\uparrow)$, *movimento para direita* $(\rightarrow)$, *e movimento para cima e direita ao mesmo tempo* $(\nearrow)$, *veja Figura 4.2 a seguir. Suponhamos que o rei comece seu movimento na casa do canto* $(1,1)$, *movendo-se*

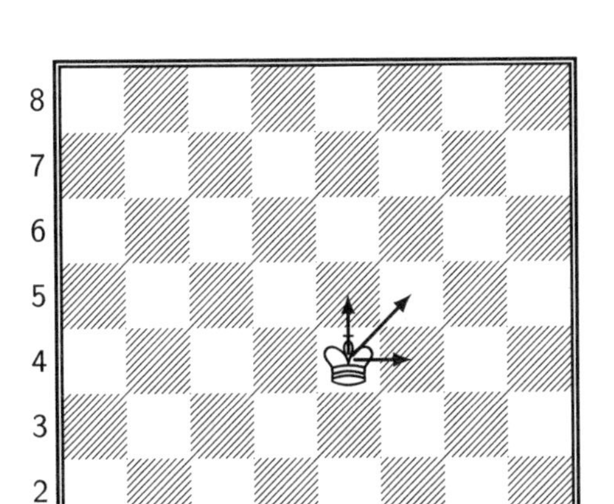

Figura 3.2: O movimento progressivo do Rei

todo o tempo progressivamente nas duas direções: (↑) *e* (→). *Coloquemos o seguinte problema:*

De quantas maneiras o rei partindo da casa $(1,1)$ *pode atingir a casa* (x,y)*?*

Denotemos o número de maneiras por $F_{x,y}$. *Obviamente, o rei pode chegar à casa* (x,y) *passando por* $(x,y-1)$ *ou por* $(x-1,y)$. *Mas, para atingir a casa* $(x,y-1)$ *o rei pode fazer isso de* $F_{x-1,y}$ *maneiras possíveis, e para atingir a casa* $(x,y-1)$ *o rei pode fazer isso de* $F_{x,y-1}$ *formas possíveis. Assim, obtém-se rapidamente a simples relação:*

$$\boxed{F_{x,y} = F_{x,y-1} + F_{x-1,y}} \qquad (1)$$

que permite calcular $F_{x,y}$, *se são conhecidos somente* $F_{x,y-1}$ *e* $F_{x-1,y}$. *Não é difícil imaginar que* $F_{x,1} = 1$, *para qualquer* x, *pois a casa* $(x,1)$ *podemos alcançar movendo todo o tempo somente na direção* (→). *Do mesmo modo,* $F_{1,y} = 1$, *para todo* y.
Por isto, obtemos, por exemplo, que:

$$F_{2,2} = F_{2,1} + F_{1,2} = 1 + 1 = 2;$$

$$F_{2,3} = F_{2,2} + F_{1,3} = 2 + 1 = 3;$$

$$F_{2,4} = F_{2,3} + F_{1,4} = 3 + 1 = 4,$$

e assim sucessivamente. É claro que, movendo-se progressivamente da mesma forma, calculamos $F_{x,y}$ *para qualquer casa do tabuleiro.*
Escrevamos em cada casa (x, y) *o número* $F_{x,y}$ *que já foi calculado. Após isso, a escrita do tabuleiro tomará a forma da Figura 4.3, a seguir. Isto é, obteremos o assim chamado* ***tabuleiro aritmético****. Tentemos agora expressar*

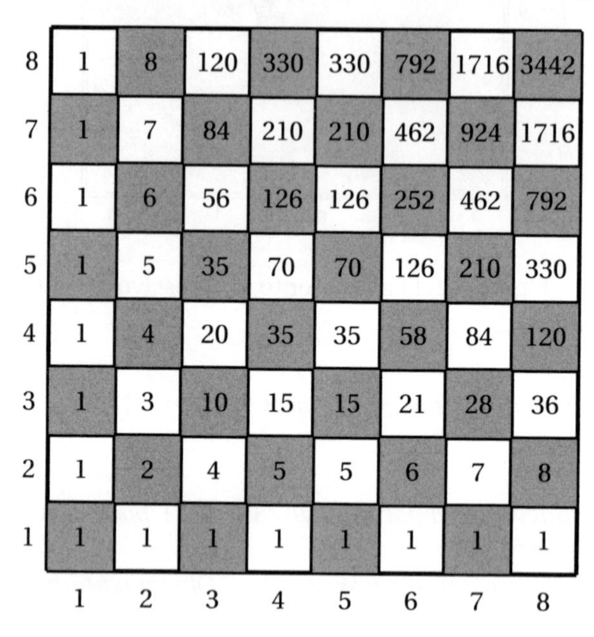

Figura 3.3: Tabuleiro Aritmético para n=8

$F_{x,y}$ *em função de* x *e* y. *Para isto, denotemos pelo número* 1 *o movimento* $(\rightarrow)$, *pelo número* 2 *o movimento* $(\uparrow)$. *O rei pode ir da casa* $(1,1)$ *à casa* (x, y), *realizando* $x-1$ *passos horizontais* $(\rightarrow)$ *e* $y-1$ *passos verticais* $(\uparrow)$. *Por exemplo, ele pode chegar à casa* (x, y) *da seguinte forma:*

$$\underbrace{111\cdots1}_{m_1\ vezes}\ \underbrace{222\cdots2}_{n_1\ vezes}\ \underbrace{111\cdots1}_{m_2\ vezes}\ \cdots\ \underbrace{111\cdots1}_{m_k\ vezes}\ \underbrace{222\cdots2}_{n_k\ vezes} \qquad (A)$$

com

$$m_1 + m_2 + \ldots + m_k = x - 1;$$

$$n_1 + n_2 + \ldots + n_k = y - 1.$$

Quantos arranjos podemos formar com $x-1$ *dígitos* 1 *e* $y-1$ *dígitos* 2*?*
Uma combinação do tipo (A) chamamos de ***permutação com repetição.***
Portanto, nosso problema imediato será a definição do número de todas as possíveis permutações com repetição de $x-1$ *dígitos* 1 *e* $y-1$ *dígitos* 2*. Este número será justamente igual a* F_{xy}.
Inicialmente, observemos que no esquema (A) tem-se no total $(x-1)+(y-1) = x+y-2$ *dígitos. Formando todas as possíveis mudanças de posição destes dígitos, obtemos* $(x+y-2)!$ *esquemas. Mas, eles não todos distintos, pois em (A) o dígito* 1 *se repete* $(x-1)$ *vezes, e o dígito* 2 *repete-se* $(y-1)$ *vezes. Entre os dígitos* 1 *podemos realizar* $(x-1)!$ *permutações e estas permutações não mudam o esquema (A). Por isto, o número* $(x+y-2)!$ *pode ser dividido por* $(x-1)!$*. Analogamente,* $(y-1)!$ *permutações entre os dígitos* 2 *não muda (A), e por isto, do número de esquemas podemos cortar* $(y-1)!$*.*
Em resumo, obtemos que o número de diferentes esquemas (A) é igual a:

$$\frac{(x+y-2)!}{(x-1)!(y-1)!}.$$

[1]. *Desta forma, temos:*

$$\boxed{F_{xy} = \frac{(x+y-2)!}{(x-1)!(y-1)!}} \qquad (2)$$

A fórmula (2) permite resolver sem dificuldades um problema mais geral:
De quantas formas o rei pode ir da casa (a,b) *à casa* (a_1,b_1)*?* [2] *movendo-se todo o tempo nas direções* $(\uparrow)$ *e* $(\rightarrow)$
Para facilitar, sempre podemos considerar a casa (a,b) *como sendo a casa* $(1,1)$.
Então, com relação à casa (a,b) *a casa* (a_1,b_1) *terá como coordenadas os números* a_1-a+1 *e* b_1-b+1*. Segue daqui que, o número procurado de formas é igual a* F_{a_1-a+1,b_1-b+1}*, ou pela fórmula (2):*

$$F_{a_1-a+1,b_1-b+1} = \frac{[(a_1+b_1)-(a+b)]!}{(a_1-a)!(b_1-b)!}$$

[1]Em geral, seja $k_1 = 1$, $k_2 = 2$, e assim sucessivamente, finalmente $k_n = n$. Então, de forma análoga, podemos estabelecer que o número de todas as permutações com repetições destes dígitos é $\frac{(k_1+k_2+\cdots+k_n)!}{k_1!k_2!\cdots k_n!}$

[2]É claro que $a < a_1$ e $b < b_1$, pois caso contrário, o rei movendo nas direções $(\rightarrow)$ e $(\uparrow)$ não poderia alcançar a casa (a_1,a_2)

Por exemplo, se o rei está na casa $(2,3)$*, então ele pode atingir a casa* $(7,9)$ *de* $\frac{[7+8)-(2+3)]!}{(7-2)!(8-3)!} = \frac{10!}{5!5!} = 252$ *formas distintas, movendo nas direções* $(\uparrow)$ *e* $(\rightarrow)$*.*
Até agora, analisamos o caso quando o rei se movimenta sequencialmente nas direções $(\uparrow)$ *e* $(\rightarrow)$*. Agora, passemos para o caso mais geral, precisamente quando o rei se movimenta sequencialmente nas três direções:* $(\uparrow)$*,* $(\rightarrow)$ *e* $(\nearrow)$*.*
Novamente, começaremos nossa análise com o estudo do movimento do rei da casa do canto inferior esquerdo $(1,1)$ *até a casa* (x,y)*. Denotemos por* $D_{x,y}$ *o número de permutações procurado. Para atingir a casa* (x,y)*, o rei necessariamente tem de passar pela casa* $(x-1,y)$ *ou pela casa* $(x,y-1)$*, donde teremos a relação:*

$$\boxed{D_{x,y} = D_{x-1,y-1} + D_{x-1,y} + D_{x,y-1}},$$

com $D_{x,1} = 1$*,* $D_{1,y} = 1$*. Com o auxílio desta fórmula, podemos definir* $D_{x,y}$ *para qualquer casa do tabuleiro. Por exemplo, fazendo todos os cantos, obteremos o seguinte tabuleiro aritmético de* 16 *casas, Figura 4.4 a seguir.*

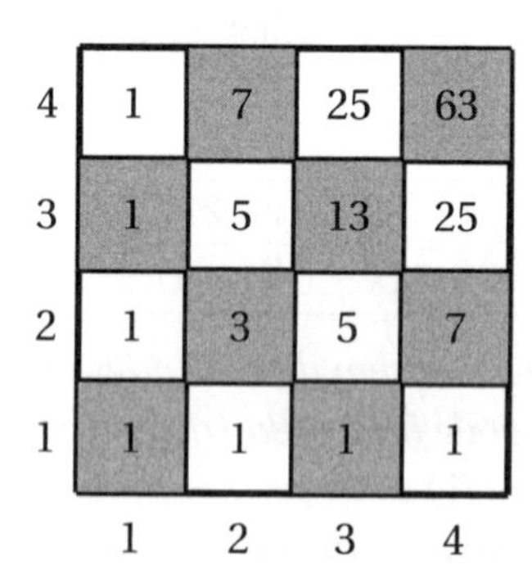

Figura 3.4: Tabuleiro Aritmético para $n = 4$

Além disso, observamos que o valor de D_{xy} *pode ser imediatamente expresso em função de* x *e de* y *pelos métodos usados para obter* $F_{x,y}$*. Denotemos por* $1, 2$ *e* 3 *os movimentos* $(\uparrow)$*,* $(\rightarrow)$ *e* $(\nearrow)$*, respectivamente. O rei, em seu movimento da casa* $(1,1)$ *até a casa* (x,y) *deve ultrapassar* $x-1$ *linhas e* $y-1$ *colunas. Para a primeira jogada* 1*, ele passa para uma nova linha, mas a coluna permanece a mesma. Para a jogada* 2*, o rei passa para uma nova* *coluna, ficando na mesma linha. Por último, para a jogada* 3, *o rei passa para uma nova linha e nova coluna. Por isto, a jogada* 3 *é equivalente ao movimento* 12 *ou* 21.

Apresentam-se somente as seguintes possibilidades:

1. *O rei passa da casa* $(1,1)$ *para a casa* (x,y) *em* $(x-1)$ *jogadas* 1 *e* $(y-)1$ *jogadas 2;*
2. *O rei passa da casa* $(1,1)$ *para a casa* (x,y) *em* $x-2$ *jogadas* 1, $(y-2)$ *jogadas* 2 *e uma jogada* 3*;*
3. *O rei passa da casa* $(1,1)$ *para a casa* (x,y) *em* $(x-3)$ *jogadas* 1, $(y-3)$ *jogadas* 2 *e duas jogadas* 3*;*
4. *O rei passa da casa* $(1,1)$ *para a casa* (x,y) *em* $(x-k)$ *jogadas* 1, $(y-k)$ *jogadas* 2 *e* $(k-1)$ *jogadas* 3*; etc.*

É claro que, o número de permutações do tipo 1 *é igual ao número de permutações com repetições de* $(x-1)$ *dígitos* 1 *e* $(y-1)$ *dígitos* 2, *isto é, igual a*

$$\frac{(x+y-2)!}{(x-1)!(y-1)!}$$

A quantidade de permutações do tipo 2 *é igual a quantidade de permutações com repetições de* $(x-2)$ *dígitos* 1, $(y-2)$ *dígitos* 2 *e um dígito* 3, *isto é, temos, de acordo com a observação na página anterior, igual a*

$$\frac{(x+y-3)!}{(x-2)!(y-2)!1!}$$

Em geral, o número de permutações do rei do tipo k *é igual ao número de permutações com repetição de* $(x-k)$ *dígitos* 1, $(y-k)$ *dígitos* 2 *e* $(k-1)$ *dígitos* 3, *isto é, obtemos:*

$$\frac{(x+y-k-1)!}{(x-k)!(y-k)!(k-1)!}.$$

Assim, o número desejado, $D_{x,y}$, *define-se como a soma de todas estas expressões. Em outras palavras, temos:*

$$D_{x,y} = \frac{(x+y-2)!}{(x-1)!(y-1)!} + \frac{(x+y-3)!}{(x--2)!(y-2)!1!} + \ldots + \frac{(x+y-k-1)!}{(x-k)!(y-k)!(k-1)!} + \ldots,$$

com a soma continuando até $x-k$ *e* $y-k$. *Considera-se, como de costume,* $0! = 1$.

Conhecendo a expressão para D_{xy}, *não é difícil resolver o seguinte problema:*

De quantas maneiras distintas o rei pode sair da casa (a, b) *até a casa* (a_1, b_1), *movendo-se em três direções* 1, 2 *e* 3?

Para isto, é necesssário repetir a solução análoga ao problema com relação aos movimentos do rei em duas direções 1 *e* 2. *Obteremos que o tal número desejado é igual a*

$$D_{a_1-a+1,b_1-b+1}.$$

3.2 Movimento da Torre

Como é conhecido, o movimento da torre se dá na horizontal e na vertical, e ela pode, num só movimento, passar uma ou mais casas, desde que não exista qualquer casa no seu caminho, veja Figura 4.5 a seguir. Vamos convencionar

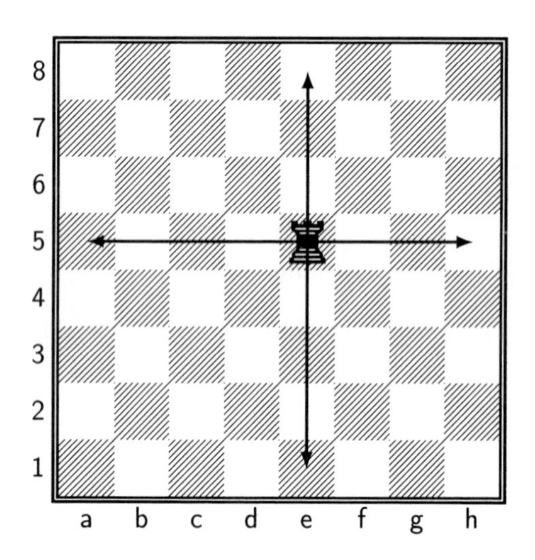

Figura 3.5: O movimento da Torre

de chamar de ***jogadas simples*** *aquelas em que a torre se desloca uma única casa,* ***jogadas duplas*** *aquelas em que a torre se desloca duas casas,* ***jogadas triplas*** *aquelas em que a torre se desloca três casas, etc. De uma maneira geral, a jogada em que a torre se desloca* p *casas chamamos de uma* ***jogada p-upla***. *Denotemos* q *jogadas de* p *casas por* q_p.

Vamos estudar somente movimentos sequencias da torre para a frente.
Analisando o movimento da torre no tabuleiro com n^2 *casas, podemos chegar da primeira casa até a casa* $(m+1)$ *de diferentes maneiras. Estas maneiras serão diferentes pelo número e ordem das jogadas. Por exempo, da primeira até a quinta casa, podemos chegar de* 8 *formas:*

$$1_4;\ 1_1 1_3;\ 1_3 1_1;\ 2_2;\ 2_1 1_2;\ 1_2 2_1;\ 1_1 1_2 1_1;\ 4_1$$

Com isto, a expressão $2_1 1_2$ *significa que a forma de movimento da torre consta de duas jogadas simples e realizadas depois de uma jogada dupla; a expressão* $1_3 1_1$ *significa que o movimento da torre consiste de uma jogada tripla seguida de uma jogada simples, e assim sucessivamente.*
Contemos o número de todas as formas de movimento da torre desde a primeira casa até a casa $(m+1)$. *Esta contagem é equivalente ao número de soluções, encontradas nos números inteiros não negativos, da equção não determinada*[3]. *Com isto, as soluções que se diferenciam somente pela distribuição dos zeros são consideradas equivalentes. Por exemplo, a solução* $0+2$ *e* $2+0$ *da equação* $x_1+x_2=2$ *consideramos com iguais:*

$$\boxed{x_1+x_2+x_3+\ldots+x_m=m} \qquad (3)$$

Vamos chamar o número de soluções da equação (3) de A_m.
É fácil ver que, imediatamente temos

$$A_1=1=2^0,\ A_2=2=2^1.$$

Ou seja, para $m=1$, *temos a equação* $x_1=1$, *que admite uma única solução , e para* $m=2$, *temos a equação* $x_1+x_2=2$ *que admite, no total, duas soluções:* $0+2=2$ *e* $1+1=2$.
Mostraremos a seguir, usando o método de indução matemática, que em geral temos:

$$\boxed{A_m=2^{m-1}}. \qquad (4)$$

Para isto, suponhamos que para todos $k<m$, *a fórmula (4) seja verdadeira.*
Vamos mostrar que a fórmula será verdadeira para m.
De fato, entre as soluções da equação (3) existe A_{m-1} *soluções com* $x_m=1$, A_{m-2} *soluções com* $x_m=2$, A_{m-3} *soluções com* $x_m=3$ *e por fim uma*

[3]Equação não determinada é aquela com um número de incógnitas maior do que 1.

solução com $x_m = m$. *É óbvio que com isto mapeamos todas as soluções da nosa equação, e por isto, temos:*

$$A_m = 1 + A_1 + A_2 + A_3 + \ldots + A_{m-1} = 1 + (1 + 2 + 2^2 + \ldots + 2^{m-2}).$$

Observe que entre parênteses temos uma progressão geométrica com o primeiro termo igual a 1, *a razão* 2 *e o último termo igual a* 2^{m-2}. *Efetuando a soma, temos:*

$$A_m = 1 + \frac{2^{m-1} - 1}{2 - 1} = 1 + 2^{m-1} - 1 = 2^{m-1},$$

como queríamos provar.
Considerando o movimento da torre da primeira casa até a quinta e de acordo com a fórmula (4), temos:

$$A_4 = 2^3$$

e, verdadeiramente, a equação $x_1 + x_2 + x_3 + x_4 = 4$ *admite as* 8 *seguintes soluções:*

$$4 + 0 = 4; \qquad 1 + 1 + 2 = 4;$$
$$1 + 3 = 4; \qquad 2 + 1 + 1 = 4;$$
$$3 + 1 = 4; \qquad 1 + 2 + 1 = 4;$$
$$2 + 2 = 4; \qquad 1 + 1 + 1 + 1 = 4,$$

além disso, $4 + 0$ *significa a forma de movimento da torre que consiste de uma jogada quádrupla;* $1 + 3$ *significa a forma de movimento que consiste de uma jogada simples, seguida de uma jogada tripla etc.*
Mas, entre estas 8 *jogadas têm-se recolocações que somente se diferenciam pela ordem das jogadas. Por exemplo, a forma dos movimentos* $2 + 1 + 1$ *e* $1 + 2 + 1$ *ou escrevendo de outro modo:* $1_2 2_1$ *e* $1_1 1_2 1_1$, *se diferenciam somente pela ordem das jogadas. Vamos chamar tais formas de movimentos de* ***semelhantes****. Todas as outras formas de movimento chamaremos de* ***não semelhantes****, ou diferentes. Se vamos considerar somente as diferentes formas de movimentos, então da primeira casa até a quinta casa, podemos chegar em* 5 *formas diferentes:*

$$4 + 0; \quad 1 + 3; \quad 2 + 2; \quad 1 + 1 + 2; \quad 1 + 1 + 1 + 1,$$

ou em forma mais enxuta:

$$1_4; \quad 1_3 1_3; \quad 2_2; \quad 2_1 1_2; \quad 4_1.$$

Como representante do grupo dos movimentos semelhantes, vamos considerar aquela forma de movimento onde as jogadas estão situadas somente em ordem crescente. Por exemplo, dos três movimentos semelhantes

$$1+2+1; \quad 2+1+1; \quad 1+1+2$$

vamos considerar o movimento $1+1+2$ *como representante de todo o grupo de movimentos semelhantes.*
Propomos o seguinte problema:

Definir todos os movimentos não semelhantes da torre da primeira casa até a casa $(m+1)$

Não é difícil observar que o número de tais movimentos não semelhantes é igual ao número de soluções positivas da equação não homogênea:

$$\boxed{1\cdot x_1+2\cdot x_2+3\cdot x_3+\ldots+m\cdot x_m=m} \qquad (5)$$

com m *incógnitas, onde* x_k *denota o número de movimentos à* k *casa. Por exemplo,* $3.x_3$ *significa que se realizam* x_3 *movimentos triplos.*
Voltando ao nosso exemplo do movimento da torre da primeira casa até a quinta casa, vamos ter:

$$1\cdot x_1+2\cdot x_2+3\cdot x_3+4\cdot x_4=4$$

e resolvendo esta equação, obtemos todos os movimentos não semelhantes. Imediatamente podemos ver que todas as soluções serão:

$$1\cdot 0+2\cdot 0+3\cdot 0+4\cdot 1=4;$$

$$1\cdot 1+2\cdot 0+3\cdot 1+4\cdot 0=4;$$

$$1\cdot 0+2\cdot 2+3\cdot 0+4\cdot 0=4;$$

$$1\cdot 2+2\cdot 1+3\cdot 0+4\cdot 0=4;$$

$$1\cdot 4+2\cdot 0+3\cdot 0+4\cdot 0=4,$$

isto é, obtemos ao todo 5 *movimentos não semelhantes:*

$$1_4; \quad 1_1 3_1; \quad 2_2; \quad 2_1 1_2; \quad 4_1.$$

Denotemos o número dos movimentos não semelhantes da torre da primeira casa até a casa $(m+1)$ *por* $N(m)$. *Existem duas formas de calcular* $N(m)$. *A fundamentação da segunda forma está ligada à teoria das somas e produtos infinitos e exige conhecimento de Matemática superior. O primeiro método de calcular* $N(m)$ *é elementar, mas está ligado a algumas observações iniciais. Aqui nos limitaremos ao primeiro método.*
Consideremos a seguinte equação com k incógnitas:

$$\boxed{y_1 + y_2 + y_3 + \ldots + y_k = m}, \text{ com } y_1 > 0;\ y_2 \geq y_1;\ y_3 \geq y_2;\ \cdots;\ y_k \geq y_{k-1} \tag{6}$$

Denotemos o número de suas soluções por $A_{m,k}$ *e escrevamos:*

$$\boxed{y_k - y_{k-1} = x_1, \quad y_{k-1} - y_{k-2} = x_2, \quad \cdots, y_2 - y_1 = x_{k-1}, \quad y_1 = x_k}. \tag{7}$$

É fácil ver que, $x_k > 0,\ x_{k-1} \geq 0,\ x_{k-2} \geq 0, \cdots, x_1 \geq 0$. *Da equação (7), podemos expressar inversamente os valores* $y_1, y_2, \ldots, y_k$ *em função de* $x_1,\ x_2,\ \ldots,\ x_k$ *da seguinte maneira:*

$$y_1 = x_k;$$

$$y_2 = x_k + x_{k-1};$$

$$y_3 = x_k + x_{k-1} + x_{k-2};$$

$$\ldots\ldots\ldots\ldots\ldots\ldots\ldots\ldots$$

$$y_{k-1} = x_k + x_{k-1} + x_{k-2} + \ldots + x_3 + x_2$$

$$y_k = x_k + x_{k-1} + x_{k-2} + \cdots + x_3 + x_2 + x_1.$$

Após substituições na equação (6) dos valores encontrados para $y_1, y_2, y_3, \ldots, y_k$, *e agrupando os termos comuns, obtemos a seguinte equação final:*

$$\boxed{1.x_1 + 2.x_2 + 3.x_3 + \ldots k.x_k = m}, \text{ com } x_1 \geq 0,\ x_2 \geq 0;\ \cdots;\ x_{k-1} \geq 0;\ x_k > 0, \tag{8}$$

onde denotamos o número de solução de (8) por $B_{k,m}$.
Assim, de qualquer solução da equação (6) segue imediatamente a solução de (8). Portanto, podemos afirmar que o número de soluções da equação (6) não deve superar o número de soluções de (8). Isto é, temos:

$$A_{k,m} \leq B_{k,m}.$$

Por outro lado, da equação (8), com ajuda das igualdades (7), obtém-se a solução de (6). Desta forma, podemos afirmar precisamente que

$$B_{k,m} \leq A_{k,m}.$$

Comparando essas duas últimas desigualdades, concluímos que

$$A_{k,m} = B_{k,m}.$$

Isto é, demonstramos o seguinte teorema

Teorema 3.1. - *O número de soluções da equação*

$$y_1 + y_2 + y_3 + \ldots + y_k = m, \quad com\ y_1 > 0,\ y_2 \geq y_1,\ y_3 \geq y_2,\ \ldots,\ y_k \geq y_{k-1}$$

é igual ao número de soluções da equação

$$1.x_1 + 2.x_2 + 3.x_3 + \ldots k.x_k = m, \quad com\ x_1 \geq 0,\ x_2 \geq 0,\ \ldots,\ x_k \geq 0,\ x_{k-1} > 0.$$

Agora, troquemos x_k *por* x'_{k+1}*, obtendo a equação*

$$\boxed{1 \cdot x_1 + 2 \cdot x_2 + 3 \cdot x_3 + \ldots k \cdot x'_k = m - k}, \quad com\ x_1 \geq 0,\ x_2 \geq 0;\ \ldots;\ x_{k-1} \geq 0;\ x'_k \geq 0, \tag{9}$$

que é equivalente a (8). Portanto, temos

$$B_{k,m} = C_{k,m},$$

onde $C_{k,m}$ *é o número de soluções da equação (9). De acordo com o Teorema 1, temos*

$$A_{k,m} = C_{k,m}.$$

Então as equações (6) e (9) reescrevem-se da seguinte forma:

$$y_1 + y_2 + y_3 + \ldots + y_k = m + k, \quad com\ y_1 > 0;\ y_2 \geq y_1;\ y_3 \geq y_2;\ \ldots;\ y_k \geq y_{k-1};$$

$$1 \cdot x_1 + 2 \cdot x_2 + 3 \cdot x_3 + \ldots k \cdot x_k = m, \quad com\ x_1 \geq 0,\ x_2 \geq 0;\ \ldots;\ x_k \geq 0;\ x_{k-1} > 0.$$

Agora, observe que, se também trocamos na primeira equação todos os y_i *por* $z_i + 1$*, obtemos, após as devidas simplificações, a equação*

$$z_1 + z_2 + z_3 + \ldots + z_k = m,$$

isto é, chegamos ao importante teorema:

Teorema 3.2. - *O número de soluções ,* $A_{k,m+k}$, *da equação*

$$\boxed{z_1 + z_2 + z_3 + \ldots + z_k = m}, \; com \; z_1 \geq 0, \; z_2 \geq 0, \; \ldots, \; z_k \geq 0, \; z_{k-1} \geq 0, \qquad (10)$$

é igual ao número de soluções, $C_{k,m+k}$, *da equação*

$$\boxed{1.x_1 + 2.x_2 + 3.x_3 + \cdots k.x_k = m}, \; com \; x_1 \geq 0, \; x_2 \geq 0, \; \ldots, \; x_k \geq 0, \; x_{k-1} \geq 0. \qquad (11)$$

A última equação, quando $k = m$, *coincide com a equação (5). Isto é, temos:*

$$C_{m,2m} = N(m).$$

Agora podemos efetuar as contas de $C_{m,2m}$ *e com isto determinar o valor de* $N(m)$. *Para atingir este objetivo, observemos que todas as soluções da equação (10) varrem as soluções das duas equações seguintes:*

$$z_1 + z_2 + \ldots + z_k = m; \qquad z_2 + z_3 + \ldots + z_k = m;$$

$$z_1 > 0; \; z_2 \geq z_1; \; \ldots z_k \geq z_{k-1}; \qquad z_2 \geq 0; \; z_3 \geq z_2; \; z_k \geq z_{k-1}$$

Mas, o número de soluções da primeira equação é igual a $A_{k,m}$, *pois ela é do tipo (6) e o número de soluções da segunda equação é igual* $A_{k-1,m+k-1}$, *pois é do tipo (10), mas com* $(k-1)$ *incógnitas. Portanto, temos*

$$A_{k,m+k} = A_{k,m} + A_{k-1,m+k-1}.$$

Agora, de acordo com nosso teorema, temos:

$$A_{k,m+k} = C_{k,m+k};$$

$$A_{k,m} = Ck, m;$$

$$A_{k-1,m+k-1} = C_{k-1,m+k-1};$$

donde concluímos que

$$\boxed{C_{k,m+k} = C_{k,m} + C_{k-1,m+k-1}}. \qquad (12)$$

Com ajuda desta fórmula, é fácil calcular $N(m)$, *para um* m *dado. Para ilustrar, apliquemos a fórmula (12) para calcular* $N(4)$, *isto é, para calcular a quantidade de movimentos não semelhantes da torre da primeira casa até a quinta casa. Para isso, devemos determinar* $C_{4,8} = N(4)$. *Pela fórmula (12), temos:*

$$C_{4,8} = C_{4,4} + C_{3,7}; \qquad C_{3,2} = C_{3,1} + c_{2,3};$$

$$C_{3,7} = C_{3,4} + C_{2,6}; \qquad C_{2,3} = C_{2,1} + C_{1,2};$$

$$C_{2,6} = C_{2,4} + C_{1,5}; \qquad C_{2,4} = C_{2,2} + C_{1,3}.$$

Mas, $C_{k,m}$ *quando* $k > m$ *é igual a zero, pois neste caso* $m - k$ *é negativo e, por isto, a equação*

$$1 \cdot x_1 + 2 \cdot x_2 + \ldots + k \cdot x_k = m - k$$

não admite solução nos números inteiros não negativos. Também, $C_{k,k}$, $C_{1,m}$ *são iguais a unidade, pois a equação*

$$1 \cdot x_1 + 2 \cdot x_2 + \ldots + k \cdot x_k = k - k = 0 \; com \; x_1 \geq 0, \; x_2 \geq 0, \; \cdots, x_k \geq 0$$

e a equação $x_1 = m - 1$ *admite uma única solução nos números inteiros não negativos. A primeira equação admite somente a solução* $x_1 = x_2 = \ldots = x_k = 0$; *a segunda equação* $x_1 = m - 1$. *Portanto,*

$$C_{k,m} = 0, \; quando \; k > m$$

$$C_{1,m} = 1 \; e \; C_{k,k} = 1;$$

donde nestes casos temos:

$$C_{2,1} = C_{3,1} = 0, \; C_{1,2} = C_{1,3} = C_{1,5} = 1, \; C_{4,4} = C_{2,2} = 1$$

e por isto

$$C_{2,4} = 1 + 1 = 2; \qquad C_{2,6} = 2 + 1 = 3;$$

$$C_{2,3} = 0 + 1 = 1; \qquad C_{3,7} = 1 + 3 = 4;$$

$$C_{3,4} = 0 + 1 = 1; \qquad C_{4,8} = 1 + 4 = 5,$$

isto é, $N(4) = 5$ [4]

O segundo método de cálculo baseia-se numa fórmula mais cômoda (veja página), mas infelizmente, a sua dedução não é elementar. Todos os esforços para expressar $N(m)$ *e* $C_{k,m}$ *em função de* k *e* m *até agora não foram favoráveis, exceto para alguns poucos casos particulares, como por exemplo, para o cálculo de* $C_{2,m}$, *com* $m \geq 2$. *Neste caso, é fácil provar que:*

$$para \; m \; par, \; temos \; C_{2,m} = \frac{m}{2} \; e \; para \; m \; impar, \; temos \; C_{2,m} = \frac{m-1}{2}.$$

[4] Por exemplo, $C_{3,7}$ determina 4 formas de movimentação da primeira casa até a quinta casa em uma, duas ou três jogadas.

3.3 Movimento do Cavalo

O cavalo, com certeza, é uma das peças do xadrez mais interessantes e complicadas, pois com o seu movimento estão ligados uma série de problemas que até agora, de uma forma geral, não estão resolvidos.
Como nos casos anteriores, a análise do movimento do cavalo se reduz à análise das equações indeterminadas com várias variáveis. Se o cavalo está na casa (m,n) *então em um movimento ele pode ocupar uma das* 8 *casas seguintes:*

$$(m-1,n-2); \quad (m-1,n+2); \quad (m+1,n-2); \quad (m+1,n+2);$$

$$(m-2,n-1); \quad (m-2,n+1); \quad (m+2,n-1); \quad (m+2,n+1),$$

veja Figura 4.6 a seguir. É fácil ver que estas 8 *casas podem ser obtidas resol-*

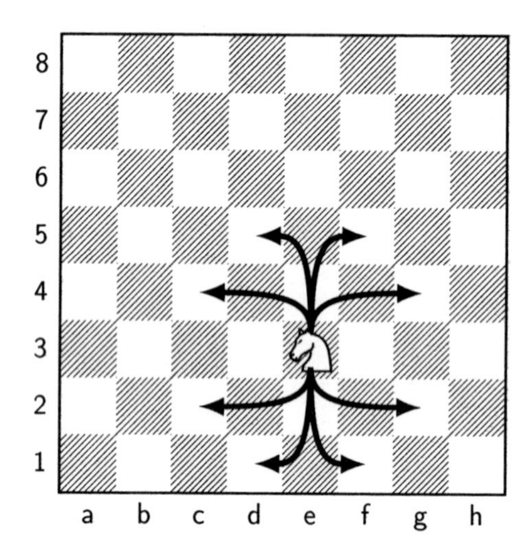

Figura 3.6: Movimento do Cavalo

vendo a seguinte equação no conjunto, $\mathbb{Z}$, *dos números inteiros:*

$$\boxed{(x-m)^2+(y-n)^2=5} \qquad (13)$$

com relação às incógnitas x *e* y, *pois*

$$x-m=\pm 1 \quad e \quad y-n=\pm 2 \quad ou \quad x-m=\pm 2 \quad e \quad y-n=\pm 1$$

satisfazem a equação (13).

O famoso enxadrista russo do século XIX, Yanish (Karl Yanish (1813-1872)), que escreveu vários artigos dedicados à aplicação da análise matemática [5], *baseados na equação* (13), *reduz o estudo do movimento do cavalo a análise do sistema de* 4 *equações com oito incógnitas:*

$$(x - x_1) + 2(x_2 - x_3) = a;$$

$$2(y - y_1) + (y_2 - y_3) = b;$$

$$x + x_1 = y + y_1;$$

$$x_2 + x_3 = y_2 + y_3,$$

onde x, x_1, x_2, x_3, y, y_1, y_2, y_3 *são positivos ou iguais a zero, e o cavalo se movimenta da casa* (m, n) *até a casa* $(m + a, m + b)$. *Com isto, a soma* $x + x_1 + x_2 + x_3$ *é igual ao número de saltos possíveis da peça.*

Este sistema apresenta um conjunto de soluções infinitas que fica claro, pois o cavalo, em geral, pode se movimentar um número infinito de vezes da casa (m, n) *até a casa* $(m + a,\ n + b)$. *Além disso, se exigimos algumas limitações, por exemplo, que os movimentos sejam sequenciais ou estejam compostos de um número definido de saltos.*

Comecemos com um caso simples, justamente com os movimentos sequenciais. Vamos chamar o salto do cavalo da casa (m, n) *até a casa* $(m + a, n + b)$ *de movimento sequencial se as diferenças* $x - m$, $y - n$ *são positvas; mas, de acordo com a equação (13), isto pode ser somente no caso em que*

$$x - m = 2 \text{ e } y - n = 1 \qquad ou \qquad x - m = 1 \text{ e } y - n = 2.$$

Suponha que o cavalo começa seu movimento a partir da casa (m, n) *e termina na casa* $(m + a, n + b)$, *movimentando-se todo o tempo sequencialmente. Podemos representar o movimento da peça pela seguinte sequência*

$$(x_0, y_0),\ (x_1, y_1),\ (x_2, y_2), \ldots, (x_l, y_l),\ (x_{l+1}, y_{l+1}), \ldots, (x_k, y_k).$$

Aqui k *denota o número de saltos do cavalo. Com isto,* $x_0 = m$; $y_0 = n$; $x_k = m + a$; $y_k = n + b$ *e*

$$x_{l+1} - x_l = 1; \qquad y_{l+1} - y_l = 2 \qquad ou \qquad x_{l+1} - x_l = 1; \qquad y_{l+1} - y_l = 2.$$

[5]C. F. Jaenisch, Traité des aplications de l'analyse mathématique au jeu des échess. Saint Petersbourg 1862

Formemos as somas:

$$\boxed{(x_1 - x_0) + (x_2 - x_1) + \ldots + (x_k - x_{k-1}) = x_k - x_0 = a} \quad (14)$$

$$\boxed{(y_1 - y_0) + (y_2 - y_1) + \ldots + (y_k - y_{k-1}) = y_k - y_0 = b} \quad (15)$$

juntando separadamente todos os parênteses iguais a 2 *e parênteses iguais a* 1.

Seja na primeira soma o número de dois igual a s, *e o número de unidades igual a* t. *Então temos*

$$2s + t = a.$$

É fácil ver que, na segunda soma serão s *unidades e* t *dois, como se* $x_{l+1} - x_l = 2$, *então* $y_{l+1} - y_l = 1$, *e quando* $x_{l+1} - x_l = 1$, *então* $y_{l+1} - y_l = 2$. *Por isto, obtemos para a segunda soma:*

$$2t + s = b.$$

Obviamente, que o número de k *termos da primeira e segunda soma é igual a* $s + t$. *Desta forma, temos o seguinte sistema de duas equações com duas incógnitas* s *e* t*:*

$$2s + t = a$$

$$s + 2t = b$$

donde, tendo em conta que $k = s + t = \frac{a+b}{3}$, *depois de algumas simplificações, obtemos:*

$$s = a - k$$

$$t = b - k.$$

Assim, chegamos ao seguinte teorema:

Teorema 3.3. - *Se* $a + b$ *é divisível por* 3 *e as diferenças* $a - k$, $b - k$ *são positivas ou iguais a zero, então o cavalo pode chegar, depois de* $\frac{a+b}{3}$ *saltos à casa* $(m + a,\ n + b)$, *movendo-se sequencialmente. Se uma destas condições não se cumpre, então a casa* $(m + a, n + b)$ *não é atingida depois de saltos sequenciais do cavalo.*

Por exemplo, da casa $(1,1)$ *até a casa* $(7,4)$, *o cavalo pode chegar realizando* $\frac{6+3}{3} = 3$ *saltos sequenciais, pois* $6+3$ *é divisível por* 3 *e* $6-3>0$, $\quad 3-3=0$.

Resta calcular o número de todos os possíveis movimentos sequenciais da peça. Para isto, observemos que podemos representá-los de $C(s+t,t) = \binom{s+t}{t} = \frac{(s+t)!}{s!t!}$ *formas de* s *dois e* t *unidades. Assim, segue imediatamente que existe ao todo* C_k *formas de movimentos sequenciais do cavalo da casa* (m,n) *à casa* $(m+a,n+b)$. *Para o caso do exemplo anterior, temos o total* $C(3,3) = \binom{3}{3} = 1$ *formas de movimento* [6].

Acabamos de estudar movimentos sequenciais do cavalo, mas podemos resolver, em parte, um problema mais geral.

Chamemos o salto de (m,n) *para* (x,y) *de sequencial na direção horizontal se* $(x-m)$ *é positivo; no que diz respeito à diferença* $y-n$, *ela pode ser de qualquer sinal. Dizemos que o movimento do cavalo realiza-se sequencialmente na direção horizontal, se ele consiste somente de saltos sequenciais horizontais. Justamente para este caso, Desiré André* [7] *conseguiu resolver o problema, e é interessante observar que sua solução não está ligada à análise do sistem de equações de Yashin. Ele indicou um método de cálculo do número de movimentos sequenciais horizontais do cavalo no tabuleiro de xadrez, que possui altura de quatro casas e comprimento de* n *casas.*

Em particular, para $n=8$, *obtemos a metade do tabuleiro de xadrez. Consideremos a* $n-$*ésima metade deste tabuleiro e denotemos por* S_n, R_n, Q_n *e* P_n *respectivamente a quantidade de movimentos sequenciais, horizontais do cavalo de uma dada casa para a primeira, segunda, terceira e quarta casa da* $n-$*ésima coluna, veja Figura 4.7, a seguir. Assim, por Desiré André, vamos ter:*

$$\left.\begin{array}{lllllll} P_n & = & Q_{n-2} & + & R_{n-1} & & \\ Q_n & = & P_{n-2} & + & R_{n-2} & + & S_{n-1} \\ R_n & = & P_{n-1} & + & Q_{n-2} & + & \\ S_n & = & Q_{n-1} & + & R_{n-2} & & \end{array}\right\} (16)$$

Vamos nos limitar a deduzir somente a primeira relação.

É fácil ver que, na casa P_n *o cavalo passa somente das casas* a *e* b. *Mas, o número de formas de movimento da peça em* a *e* b *é igual, respectivamente a* Q_{n-2} *e* R_{n-2}, *donde*

$$P_n = Q_{n-2} + R_{n-1}.$$

Isto é, chegamos na primeira relação. As demais igualdades de (16) se provam

[6] É fácil ver que, com base em propriedades conhecidas do número $C(n,m) = \binom{n}{m}$, que $C(k,t) = C(k,s)$

[7] André Antoine Désiré-(1840-1917 ou 1918), matemático francês, mais conhecido por seus trabalhos sobre os números de Catalão e permutações alternadas

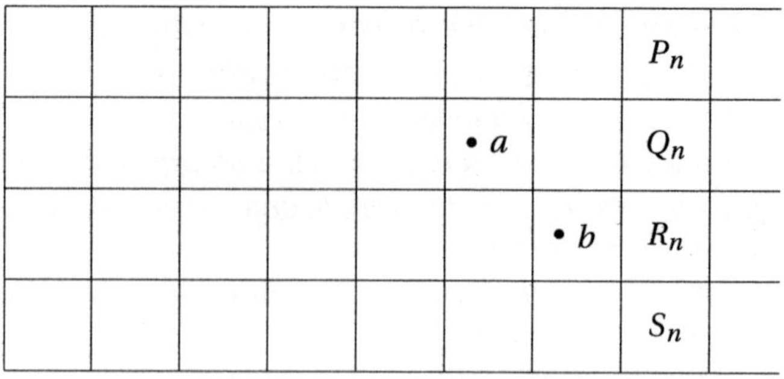

							P_n	
					• a		Q_n	
						• b	R_n	
							S_n	

Figura 3.7: Quantidade de Movimentos Sequenciais do Cavalo

de forma análoga.
Mostraremos a seguir que podemos usar o sistema (16) em casos concretos. Calculemos, por exemplo, a quantidade de movimentos sequenciais horizontais do cavalo a partir da casa $(1, 1)$ *até atingir a casa* $(5, 4)$. *Isto é, em outras palavras, definimos* P_5. *É fácil ver que, o passo de* $(1, 1)$ *para a segunda coluna, o cavalo pode mover-se somente à casa* $(2, 3)$, *veja Figura 4.8 a seguir. Por isso:*

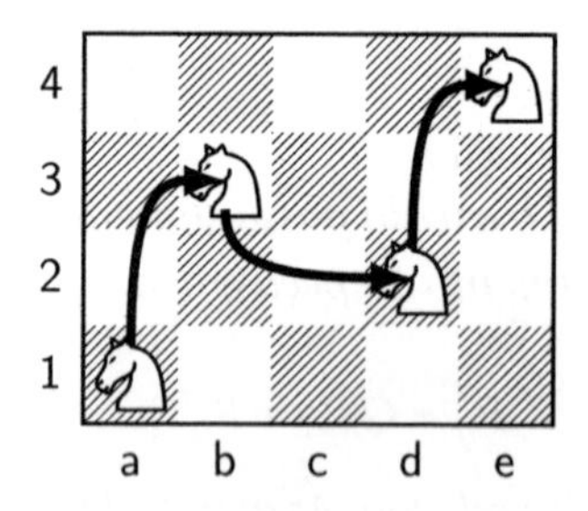

Figura 3.8: Movimento Sequencial do cavalo de $(1, 1)$ até $(2, 3)$

$$S_1 = 1; \qquad R_1 = 0; \qquad Q_1 = 0; \qquad P_1 = 0;$$

$$S_2 = 1; \qquad R_2 = 0; \qquad Q_2 = 1; \qquad P_2 = 0;$$

e podemos calcular os demais S, R, P, Q *com ajuda da fórmula (16) da seguinte forma:*

$$S_3 = Q_2 + R_1 = 1 + 0 = 1;$$

$$R_3 = P_2 + Q_1 + S_1 = 0 + 0 + 1 = 1;$$

$$Q_3 = P_1 + R_1 + S_2 = 0 + 0 + 0 = 0;$$

$$P_3 = Q_1 + R_2 = 0 + 0 = 0.$$

Temos também:

$$S_4 = Q_3 + R_2 = 0 + 0 = 0;$$

$$R_4 = P_3 + Q_2 + S_2 = 0 + 1 + 0 = 1;$$

$$P_4 = Q_2 + R_3 = 1 + 1 = 2,$$

donde obtemos

$$P_5 = Q_3 + R_4 = 0 + 1 = 1,$$

isto é, existe somente uma forma de o cavalo se movimentar da casa $(1,1)$ *até a casa* $(5,4)$, *veja na Figura 4.8.*
Para concluir, analisemos o caso quando o movimento do cavalo (pode ser ou não sequencial) da casa (m,n) *até a casa* $(m+n, n+b)$ *consiste em* k *saltos. Este problema é mais complicado que os dois anteriores. Minding*[8], *no lugar de analisar um sistema de equações indeterminadas, propôs outro método. No seu método, denotou a casa* $(m,\ n)$ *por* $x^m y^n$. *Assim, todas as possíveis casa permitidas definem-se através dos membros da expressão* $Ux^m y^n$, *onde*

$$\boxed{U = (x + \frac{1}{x})(y^2 + \frac{1}{y^2}) + (x^2 + \frac{1}{x^2})(y + \frac{1}{y})} \qquad (17),$$

onde os termos $Ux^m y^n$ *com expoentes negativos e zeros não são considerados.*

[8]**Ferdinand Minding** (1806-1885), matemático russo-alemão, conhecido por suas contribuições para a geometria diferencial. Ele continuou o trabalho de Gauss a respeito da geometria diferencial de superfícies, especialmente em seus aspectos intrínsecos, trabalhando em questões sobre curvatura de superfícies e provou a invariância da curvatura geodésica. (Fonte: *http://en.wikipedia.org/wiki/Ferdinand*$_M$*inding*)

Com ajuda da fórmula (17) podemos resolver, por exemplo, o problema: Determine o número de formas de movimentos do cavalo da casa $(1,\ 1)$ *à casa* $(3,\ 4)$*, se é conhecido que o movimento consiste de* 11 *saltos e acontece no tabuleiro de xadrez que possui altura de* 4 *casas e comprimento de* 3 *casas.*

Inicialmente, escrevemos U *de forma explícita:*

$$U = xy^2 + x^2y + \frac{y^2}{x} + \frac{1}{xy^2} + \frac{x}{y^2} + \frac{x^2}{y} + \frac{1}{xy} + \frac{y}{x^2}$$

a determinamos $U_1 = [Uxy]$*, isto é,* Uxy *sem expoentes negativos. Temos:*

$$U_1 = x^2y^3 + x^3y^2$$

Também temos:

$$[Ux^2y^3] = x^3y^5 + x^4y^4 + xy^5 + xy + x^3y + x^4y^2;$$

$$[Ux^3y^2] = x^4y^4 + x^5y^3 + x^2y^4 + x^5y + xy + xy^3.$$

Mas, todas as jogadas que saem da fronteira do tabuleiro e das casas $(1,1)$ *e* $(3,4)$ [9] *devem ser desconsideradas. Por isto, ficam somente os seguintes termos:*

$$U_2 = x^3\cdot y + x\cdot y^3 + x^2\cdot y^4.$$

Analogamente, encontramos:

$$U_3 = x^2y + 2xy^2 + 2x^3y^2 + x^2y^3;$$

$$U_4 = 3x^3y + 3xy^3 + 3x^3y^3 + 4x^2y^4;$$

$$U_5 = 6x^2y + 10xy^2 + 7x^2y^2 + 3x^2y^3;$$

$$U_6 = 13x^3y + 3x^2y^2 + 13xy^3 + 19x^3y^3 + 17x^2y^4.$$

Também poderíamos escrever os termos para U_7, U_8, U_9, U_{10} *e* U_{11}*, mas é mais simples proceder da forma seguinte. Vamos sair da casa* $(3,\ 4)$ *em sentido contrário. Escrevamos para esta casa* $[Ux^3y^3]$*, obtendo:*

$$[Ux^3y^3] = x^4y^6 + x^5y^5 + x^2y^6 + x^2y^2 + x^4y^2 + x^5y^3 + xy^3 + xy^5.$$

[9] A jogada na casa $(3,4)$ deve ser desconsiderada porque queremos atingir a casa $(3,4)$ em 11 saltos e não num número menor de saltos

Excluindo todos os termos que correspondem as casas que estão na fronterira do tabuleiro, chegamos a seguinte expressão:

$$V_1 = x^2y^2 + xy^3.$$

Nãó é dificil notar que se em U_1 *trocamos* x^m *por* x^{4-m} *e* Y^n *por* y^{5-n}, *obteremos* V_1. *Por isto, realizando mudanças análogas em* U_2, *obteremos* V_2, *e assim por diante. Por fim, de* U_5 *obtemos* V_5*:*

$$V_5 = 6x^2y^4 + 10x^3y^3 + 7xy^3 + 3x^2y^2 + 3x^3y,$$

ou, mudando a ordem dos membros:

$$V_5 = 3x^3y + 3x^2y^2 + 7xy^3 + 10x^3y^3 + 6x^2y^4.$$

Comparando U_6 *e* V_5, *observamos que existem* 13 *formas de movimentos em* 6 *jogadas da casa* (1, 1) *à casa* (3 ,1) *e três formas de movimentos em* 5 *jogadas da casa* (3,1) *até a casa* (3,4). *Desta forma, o cavalo pode, em* 11 *movimentos, chegar de* $13 \times 3 = 39$ *formas à casa* (3,4), *passando no sexto lance na casa* (3,1).
Da mesma forma, concluímos que existem $3 \times 3 = 9$ *formas de movimentos em* 11 *lances à casa* (3,4), *durante os quais chegamos a casa* (2,2) *no sexto lance, etc. Em resumo, obtemos*

$$13 \times 3 + 3 \times 3 + 13 \times 7 + 19 \times 10 + 17 \times 6 = 431$$

formas de se movimentar em 11 *lances à casa* (3,4).

Capítulo 4

Forças Comparativas das Peças

Sabe-se que, no jogo de xadrez, de um modo geral, duas torres são mais fortes do que a dama, que dois bispos são mais fortes que uma torre. Por isto, surge uma pergunta natural:

O que podemos chamar de ***força de uma peça****? E como podemos determinar esta força?*

Como as peças de xadrez se diferenciam uma das outras pelos seus movimentos próprios, então podemos tentar determinar a força da peça, baseando-nos nas particularidades de seus movimentos.
Consideremos, por exemplo, o movimento do rei, se ele se encontra em uma das casas do canto do tabuleiro. Neste caso, o rei pode se movimentar em 3 *direções possíveis. Agora, se o rei se encontra na borda do tabuleiro, mas não no canto do tabuleiro, ele pode se movimentar em* 5 *direções possíveis. Por fim, se o rei se encontra em qualquer casa fora da borda do tabuleiro, ele pode se movimentar em* 8 *direções possíveis. Observe que no tabuleiro comum* (8×8) *temos* 4 *cantos, e* 24 *casas que estão localizadas no bordo do tabuleiro. Por isto, podemos estabelecer a seguinte resumo:*

Para 4 *casas o rei pode se movimentar em* 3 *direções;*
Para 24 *casas o rei pode se movimentar em* 5 *direções;*
Para 36 *casas o rei pode se movimentar em* 8 *direções.*

Ao todo, obtemos: $4 \cdot 3 + 24 \cdot 5 + 36 \cdot 8 = 420$ *movimentos possíveis do rei no tabuleiro.*
Se dividirmos 420 *por* 64, *o número de casas do tabuleiro, obteremos uma*

média de possíveis lances do rei chegar a uma casa, isto é, obtemos $\frac{420}{64} =$ $6,5625$ *-aproximadamente seis lances.*

É natural considerar que as peças são mais fortes se realizam um número maior de lances do que a média para chegar a uma casa. Desta forma, podemos chamar de ***força da peça*** *o número médio de movimentos da peça para chegar a uma casa desta parte do tabuleiro peça. Desta definição, segue que a força da peça depende do número de casas do tabuleiro que ela pode atingir. Como determinar esta força para um tabuleiro de* n^2 *casas?*

Incialmente, analisemos o movimento do cavalo. Os movimentos (pulos ou saltos) do cavalo vamos dividí-los em duas categorias. Relacionamos os saltos da primeira categoria se o cavalo passa por uma coluna e duas linhas e relacionamos como da segunda categoria se o cavalo passa por dua colunas e uma linha.

De uma casa de qualquer coluna, desde que a casa não se encontre num dos cantos do tabuleiro, o cavalo pode realizar $(n-2)$ *saltos, de cima para baixo, da primeira categoria por um lado e tantos saltos do outro lado da coluna. Na verdade, de cada casa desta coluna, exceto somente das duas casas de baixo, podemos realizar um pulo da categoria analisada de um lado e um pulo do outro lado; o que se relaciona as duas casas embaixo, para elas não existindo lances de cima para baixo. No total, temos* $2(n-2)$ *saltos da primeira categoria de cima para baixo. Obviamente, o número de saltos da prmeira categoria de baixo para cima também é igual a* $2(n-2)$. *Portanto, da casa que não se encontra no bordo do tabuleiro, podemos realizar*

$$4(n-4)$$

movimentos da primeira categoria.

Analisando as casas do bordo do tabuleiro, observamos que para elas existem movimentos do cavalo somente para um lado. Por isto, da casa do bordo do tabuleiro, podemos realizar um total de $2(n-2)$ *saltos da primeira categoria, e das duas casas do bordo podemos realizar* $4(n-2)$ *saltos. Desta forma, em todo o tabuleiro existem*

$$4(n-2)(n-2)+4(n-2)=4(n-2)(n-1)$$

movimentos da primeira categoria. De forma análoga, podemos estabelecer que o número de saltos da segunda categoria é igual a

$$4(n-2)(n-1).$$

Logo, obtemos que o número total de saltos do cavalo é igual a

$$4(n-2)(n-1)+4(n-2)(n-10)=8(n-2)(n-1).$$

Agora, podemos, sem dificuldades, determinar a força do cavalo:

$$\frac{8(n-2)(n-1)}{n^2}$$

Para o tabuleiro com 64 *casas, novamente obtemos* 6,5625.
Voltando ao valor da força da torre, observamos que o número de movimentos é muito mais simples encontrá-lo diretamente. De fato, de qualquer casa, a torre é capaz de realizar $2n-2$ *movimentos distintos:* $(n-1)$ *movimentos horizontais e* $(n-1)$ *movimentos verticais. Por isto, para todo o tabuleiro obtemos:*

$$\boxed{n^2(2n-2)=2n^2(n-1)} \qquad (19)$$

movimentos da torre, de onde se conclui que a força da nossa peça é igual a

$$\frac{2n^2(n-1)}{n^2}.$$

Em particular, para $n=8$ *obtemos o número* 14.
Muito mais complicado define-se a força do bispo e da dama.
Dois bispos[1] *juntos são equivalentes ao conjunto de peças, para as quais* $r=s$ *e* r *assume todos os valores de* 1 *até* $(n-1)$. *Observemos que podemos usar a fórmula* (18), *definir o número de movimentos de dois bispos no tabuleiro de* n^2 *casas. Como* $r=s$, *então, de acordo com a observação acima, segue que podemos tomar a metade de* (18). *Por isto, temos*

$$(2n-2r)^2$$

movimentos da peça com $r=s$, *que segue, pondo sucessivamente* $r=1,2,\ldots,n-1$, *que o número de movimentos dos bispos é igual a soma:*

$$(2n-2)^2+(2n-4)^2+(2n-6)^2+\ldots+2^2=4[(n-1)^2+(n-2)^2+(n-3)^2+\ldots+1],$$

ou, escrevendo os termos que estão entre colchetes em ordem inversa, obtemos:

$$4[1^2+2^2+3^2+\ldots+(n-1)^2].$$

[1]Um bispo preto e outro bispo branco

É necessário para a solução final do problema, expressar a soma dos quadrados

$$1^2 + 2^2 + 3^2 + \ldots + (n-1)^2$$

em função de n. *Para isso, formemos a seguinte série de igualdades:*

$$1^3 = 1;$$

$$2^3 = (1+1)^3 = 1^3 + 3 \cdot 1^3 + 3 \cdot 1 + 1;$$

$$3^3 = (2+1)^3 = 2^3 + 3 \cdot 2^2 + 3 \cdot 1 + 1;$$

$$n^3 = [(n-1)+1]^3 = (n-1)^3 + 3 \cdot (n-1)^2 + 3 \cdot (n-1) + 1.$$

Agora, somemos membro a membro essas igualdades, obtendo:

$$1^3 + 2^3 + 3^3 + \ldots + n^3 =$$

$$= [1^3 + 2^3 + 3^3 + \ldots + (n-1)^3] + 3 \cdot .[1^2 + 2^2 + 3^2 \ldots + (n-1)^2] +$$

$$+ 3 \cdot [1 + 2 + 3 + \ldots + (n-1)] + \underbrace{1 + 1 + 1 + \ldots + 1}_{n \text{ unidades}}.$$

Após algumas simplificações teremos

$$n^3 = 3 \cdot [1^2 + 2^2 + 3^2 \ldots + (n-1)^2] + 3 \cdot [1 + 2 + 3 + \ldots + (n-1)] + n.$$

Mas, como

$$1 + 2 + 3 + \ldots + (n-1) = \frac{n(n-1)}{2},$$

temos que

$$n^3 = 3 \cdot [1^2 + 2^2 + 3^2 \ldots + (n-1)^2] + 3 \cdot \frac{n(n-1)}{2} + n,$$

ou

$$1^2 + 2^2 + 3^2 \ldots + (n-1)^2 = \frac{n^3}{3} - \frac{n(n-1)}{2} - \frac{n}{3} = \frac{n(n-1)(2n-1)}{6},$$

isto é, expressamos a soma dos quadrados em função de n.
Agora, para dois bispos de cores distintas automaticamente obtemos

$$\boxed{\frac{4n(n-1)(2n-1)}{6} = \frac{2n(n-1)(2n-1)}{3}} \qquad (20)$$

Nome da Peça	Força da Peça
Cavalo	5,25
Rei	6,5625
Bispo	8,75
Torre	14
Dama	22,75

Tabela 4.1: Força das peças num tabuleiro 8 por 8

movimentos. No caso de um número par, os movimentos do bispo preto é igual aos movimentos do bispo branco, pois as quantidades de casas brancas e pretas são iguais. Por isto, para n, *a força do bispo não depende da cor e é igual a*

$$\frac{n(n-1)(2n-1)}{3.\frac{n^2}{2}} = \frac{2(n-1)(2n-1)}{3n},$$

pois somente a metade do tabuleiro é permitida ao movimento do bispo.
Para $n = 8$, *obtemos o valor da força do bispo como sendo* $8,75$.
Quando n *é ímpar, a força do bipo não depende da cor, mas não vamos analisar este caso, pois estamos interessados, principalmente, no tabuleiro com* 64 *casas.*
Restou analisar a força da rainha (dama), mas este problema resolve-se facilmente. Na verdade, a rainha (dama) é uma combinação de dois bispos e uma torre. Portanto, o número de seus movimentos é igual à soma das expressões (19) *e* (20). *Isto é,*

$$2n^2(n-1) + \frac{2n(n-1)(2n-1)}{3} = \frac{2n(n-1)(5n-1)}{3},$$

de onde segue que a força da rainha (dama) será igual a

$$\boxed{\frac{2n(n-1)(5n-1)}{3n^2} = \frac{2(n-1)(5n-1)}{3n}} \qquad (21)$$

Usando esta fórmula para o tabuleiro normal de 64 *casas, obtemos o número* $\frac{91}{4} = 22,75$.
Assim, resumindo, podemos formar a seguinte tabela para a força das peças num tabuleiro de 64 *casas: No entanto, não podemos nos esquecer que*

realmente a força da peça depende da distribuição das outras peças no tabuleiro e não é um invariante. Por isto, o número de movimentos das peças que atingem uma casa, em média, poderia ser corretamente chamado de ***força potencial da peça.***

Para concluir, mostraremos que, conhecendo a força da dama, podemos resolver em parte o problema de Landau, justamente no caso de $k = 2$. *O problema em questão é o seguinte:*

De quantas formas podemos colocar no tabuleiro com n^2 *casas, duas rainhas de tal forma que nenhuma ameace a outra?*

Inicialmente, é claro que, se subtraímos da quantidade total de maneiras de se colocar duas rainhas (damas) no tabuleiro o número de maneiras de se colocar duas rainhas onde uma ameace a outra, então obteremos precisamente o número procurado. Uma questão:

De quantas maneiras podemos colocar duas rainhas (damas), num tabuleiro com n^2 *casas?*

É claro que duas rainhas (damas) ocupam duas casas no tabuleiro e estas duas casas podem ser escolhidas de $\binom{n^2}{2}$ *maneiras distintas dentre um total de* n^2 *casas. Desta forma, observamos que entre estas* $\binom{n^2}{2}$ *maneiras distintas, de se colocar duas rainhas num tabuleiro, encontram-se aquelas em que uma dama ameaça a outra. Calculemos essas formas de se colocar duas rainhas com uma ameaçando a outra.*

Seja a primeira dama colocada na casa (x, y). *Se colocamos a segunda dama nas casas onde a rainha (dama) (já colocada) pode atingir, então as duas peças irão ameaçar uma a outra. Assim, é fácil ver que a segunda dama pode ser colocada de tantas formas quantos diferentes movimentos sequenciais pode realizar a primeira dama a partir da casa* (x, y). *Os movimentos óbvios podemos desconsiderar, pois eles são incluídos nos movimentos sequenciais das casas que se encontram até* (x, y). *Por isto, na conta final, no tabuleiro de* n^2 *casas, duas rainhas (damas) podem ser distribuídas no tabuleiro de tal forma que uma amece a outra de* p *formas, onde* p *é a quantidade de todos os movimentos sequenciais da rainha (dama) por todo o tabuleiro. Mas, a força* i *da rainha (dama) é igual a* $\frac{2p}{n^2}$, *pois o número de movimentos sequenciais é igual ao número de movimentos permitidos. Assim, obtemos que:*

$$p = \frac{n^2.i}{2},$$

e, por isto, o número procurado é igual a

$$M = \binom{n^2}{2} - \frac{n^2.i}{2},$$

ou, substituindo os valores de $\binom{n^2}{2}$ *e* i *em* (21), *e após algumas transformações, obtemos finalmente:*

$$M = \frac{n(n-1)(n-2)(3n-1)}{6}.$$

Em particular, para $n = 8$, *esta fórmula nos dá:*

$$M = \frac{8 \cdot 7 \cdot 6 \cdot 23}{6} = 1288.$$

Resolvendo o problema das três rainhas, Landau obteve para n *par, a expressão:*

$$\frac{1}{12} \cdot n(n-2)^2(2n^3 - 12n^2 + 23n - 10),$$

e para n *ímpar:*

$$\frac{1}{12} \cdot (n-1)((n-3)(2n^4 - 12n^3 + 25n^2 - 14n + 1).$$

O problema para 4 *rainhas até agora não foi resolvido.*

Capítulo 5

Euler: O Passeio do Cavalo

5.1 Observações Preliminares

Entre os problemas de Combinatória no tabuleiro de xadrez, sem dúvida o mais difícil e interessante é o problema de Euler sobre o movimento do cavalo no tabuleiro. Este problema consiste no seguinte: exige-se movimentar o cavalo por todas as casas sem passar por cada uma delas mais de uma vez. O tabuleiro pode ser retangular ou quadrado, mas só consideraremos o tabuleiro comum com 64 *casas.*
Euler dedicou muito tempo para resolver este problema e indicou alguns métodos particulares para obter as soluções, mas até hoje não foi possível encontrar um método geral que permita determinar todas as soluções do problema. Inclusive para o tabuleiro comum é conhecido apenas que a quantidade de soluções não é menor do que 31.054.144 *e não mais do que* $\binom{168}{63}$.
É interessante observar que ainda no século XVI tornou-se conhecido o que hoje denominamos ***O problema de Guarini:*** [1]

problema de Guarini: *Nos quatro cantos de um tabuleiro com* 3×3 *casas colocam-se* 2 *cavalos brancos e* 2 *cavalos pretos, veja Figura 6.1 a seguir. Os cavalos pretos e os cavalos brancos desejam trocar de lugares. É possível? A solução é simples. É fácil ver que é possível somente em* 2 *casos:*

(a) Os cavalos de mesma cor encontram-se na mesma coluna ou linha;

[1] Guarino Guarini (1624 - 1683), arquiteto italiano, especializado no Barroco, atuou em Turim, na Sicília, França e Portugal. Foi também escritor e matemático, além de monge.

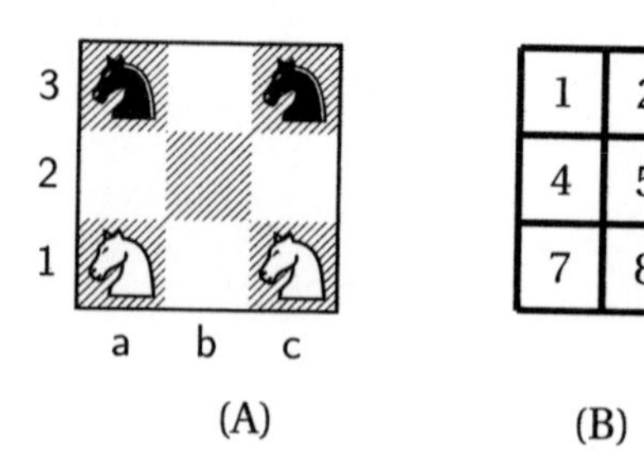

Figura 5.1: problema de Guarine quando os cavalos de mesma cor estão na mesma linha

(b) Os cavalos de mesma cor estão nas casas de cantos diagonalmente opostos.

Desta forma, vamos analisar os casos (a) e (b). Primeiramente analisemos o caso (a).
Então vamos supor que os cavalos pretos estejam nas casas $a3$ *e* $c3$*, veja na Figura 6.1, que correspondem às casas* 1 *e* 3 *na Figura 6.1B, e os cavalos brancos estejam nas casas* $a1$ *e* $c1$*, veja na Figura 6.1A, que correspondem às casas* 7 *e* 9 *na Figura 6.1B. Então fazemos os seguintes movimentos com os cavalos:*

$$1 \to 8; \quad 3 \to 4; \quad 9 \to 2; \quad 7 \to 6; \quad 4 \to 9; \quad 6 \to 1; \quad 2 \to 7; \quad 8 \to 3$$

Depois disso, os cavalos brancos ocupam as casas 1 *e* 7 *e os cavalos pretos ocupam as casas* 3 *e* 9*. Isto é, com esses movimentos obtemos um efeito como se tivéssemos girado o tabuleiro de um ângulo de* $90°$ *no sentido horário. Precisamos chegar a uma situação onde os cavalos brancos ocupem as casas de números* 1 *e* 3 *e os pretos ocupem as casas de números* 7 *e* 9*. Mas, se girarmos o tabuleiro inicial de um ângulo de* $180°$ *no sentido horário, alcançaremos nosso objetivo. Como inicialmente giramos o tabuleiro de um ângulo de* $90°$*, façamos novamente a mesma série de movimentos e teremos girado o tabuleiro de mais* $90°$*:*

$$1 \to 8; \quad 3 \to 4; \quad 9 \to 2; \quad 7 \to 6; \quad 4 \to 9; \quad 6 \to 1; \quad 2 \to 7; \quad 8 \to 3. \qquad (A)$$

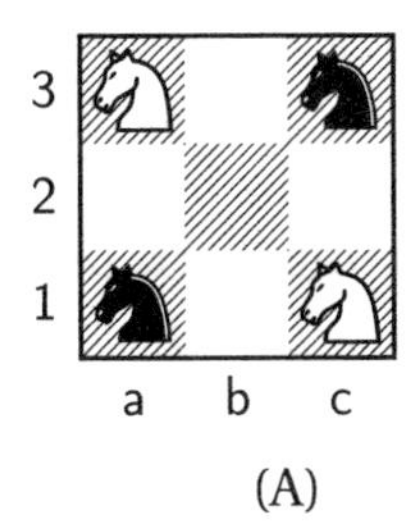

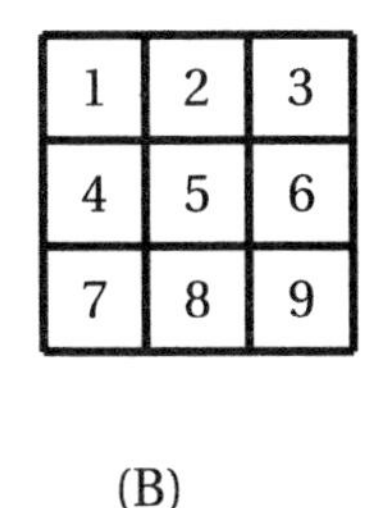

(A) (B)

Figura 5.2: O problema de Guarine quando os cavalos de mesma cor estão nas casas de cantos diagonalmente opostos

Agora, consideremos o caso (b). Vamos supor que os cavalos pretos estejam nas casas $a1$ *e* $c3$*, veja na Figura 6.2A, que correspondem às casas* 3 *e* 7 *na Figura 6.2B, e os cavalos brancos estejam nas casas* $a3$ *e* $c1$*, veja na Figura 6.2A, que correspondem às casas* 1 *e* 9 *na Figura 6.2B. Giramos o tabuleiro de um ângulo de* $90°$ *(no sentido horário ou anti-horário, não faz diferença) para obtermos a posição desejada das peças. Por isto, em lugar de tal giro é suficiente realizar uma vez a série de movimentos de (a), o que resolve o problema.*

Voltemos ao nosso tema principal. Entre as soluções do problema de Euler, nas quais o cavalo se movimenta por todas as casas do tabuleiro e volta à posição inical, temos uma série de soluções interessantes. Tal movimento do cavalo chamaremos de ***movimento fechado****. Mas, é possível ter movimentos onde o cavalo passa por todas as casas do tabuleiro e não volta para a posição inicial. Isto é, temos um* ***movimento não fechado****. Mais adiante daremos exemplos de movimentos fechados e não fechados.*

5.2 Movimento do Cavalo no Tabuleiro com 64 casas

Suponha que o cavalo, movimentando-se no tabuleiro comum, a partir da casa (m_1, n_1)*, passa sequencialmente por* 16 *casas:*

$$(m_1, n_1),\ (m_2, n_2),\ (m_3, n_3),\ \ldots,\ (m_{16}, n_{16}) \qquad (1)$$

sem repetição. Tal conjunto de casas chamamos de ***caminho****. Mostraremos, a seguir, que o caminho* (1) *satisfaz as seguintes condições:*

quando $\left.\begin{matrix} m_i = m_k \\ n_i \neq 9 - n_k \end{matrix}\right\};$ *quando* $\left.\begin{matrix} m_i = 9 - m_k \\ n_i \neq n_k \end{matrix}\right\};$ *quando* $\begin{matrix} m_i = 9 - m_k \\ n_i \neq 9 - n_k \end{matrix}$

e, além disso, se o cavalo está em condições de ir da casa (m_{16}, n_{16}) *para a casa* $(9 - m_1,\ 9 - n_1)$, *então, usando o caminho* (1), *podemos obter a solução do problema de Euler para nosso tabuleiro. É fácil ver que:*

$$(9 - m_1, n_1),\ (9 - m_2, n_2, \ldots, (9 - m_{16}, n_{16}) \qquad (3)$$

$$(m_1, 9 - n_1),\ (m_2, 9 - n_2, \ldots, (m_{16}, 9 - n_{16}) \qquad (4)$$

$$(9 - m_1, 9 - n_1),\ (9 - m_2,\ 9 - n_2, \ldots, (9 - m_{16}, 9 - n_{16}) \qquad (5)$$

são também caminhos que satisfazem as mesmas condições que (1). *Os caminhos* (1), (2), (3), (4), (5) *considerados juntos abrangem todas as* 64 *casas do tabuleiro, e nosso objetivo mas próximo é a solução do seguinte problema: juntar os caminhos* (1), (2), (3), (4), (5) *em um caminho de* 64 *casas.*
Para visualizar, consideremos um exemplo concreto e consideremos o seguinte caminho, que satisfaz as hipóteses (2)*:*

$$(5,5), (4,3), (2,4), (1,2), (3,1), (2,3), (1,1), (3,2), (1,3), (2,1),$$

$$(4,2), (3,4), (1,5), (2,7), (4,8), (3,6)$$

O matemático francês do século XVIII Vandermonde[2], *conhecido por seus estudos em álgebra superior, resolvendo o problema de Euler, justamente na direção que agora estamos querendo resolver, achou este conjunto de casas, que no lugar de* (x, y) *ele usou uma notação mais compacta. Precisamente, ele propôs escrever a abscissa acima e a ordenada embaixo, isto é,* $\begin{matrix} x \\ y \end{matrix}$ *em vez de* (x, y).
Nesta notação, nosso exemplo se escreve assim:

$$\begin{matrix} 5 & 4 & 2 & 1 & 3 & 2 & 1 & 3 \\ 5 & 3 & 4 & 2 & 1 & 3 & 1 & 2 \end{matrix}$$

$$\begin{matrix} 1 & 2 & 4 & 3 & 1 & 2 & 4 & 3 \\ 3 & 1 & 2 & 4 & 5 & 7 & 8 & 6 \end{matrix} \quad (a)$$

[2]Alexandre-Theóphile Vandermonde (1735-1796), matemático francês, que foi, também, músico e químico, tendo trabalhado nessa área com Bézout e Lavoisier. Iniciou-se na matemática em 1770 e o seu nome está associado principalmente com o determinante

e de (a), *pelas regras* (3), (4) *e* (5), *podemos obter ainda três novos caminhos:*

$$\begin{array}{ccccccc} 4 & 5 & 7 & 8 & 6 & 7 & 8 \\ 5 & 3 & 4 & 2 & 1 & 3 & 1 \end{array}$$

$$\begin{array}{ccccccccc} 6 & 8 & 7 & 5 & 6 & 8 & 7 & 5 & 6 \\ 2 & 3 & 1 & 2 & 4 & 5 & 7 & 8 & 6 \end{array} \quad (b)$$

$$\begin{array}{cccccccc} 5 & 4 & 2 & 1 & 3 & 2 & 1 & 3 \\ 4 & 6 & 5 & 7 & 8 & 6 & 8 & 7 \end{array}$$

$$\begin{array}{cccccccc} 1 & 2 & 4 & 3 & 1 & 2 & 4 & 3 \\ 6 & 8 & 7 & 5 & 4 & 2 & 1 & 3 \end{array} \quad (c)$$

$$\begin{array}{cccccccc} 4 & 5 & 7 & 8 & 6 & 7 & 8 & 6 \\ 4 & 6 & 5 & 7 & 8 & 6 & 8 & 7 \end{array}$$

$$\begin{array}{cccccccc} 8 & 7 & 5 & 6 & 8 & 7 & 5 & 6 \\ 6 & 8 & 7 & 5 & 4 & 2 & 1 & 3 \end{array} \quad (d)$$

É fácil observar que, a sequência (a) *satisfaz a condição* (2), *com a casa* $\genfrac{}{}{0pt}{}{m_{16}}{n_{16}} = \genfrac{}{}{0pt}{}{3}{6}$ *que pode ser pulada para a casa* $\genfrac{}{}{0pt}{}{9-m_1}{9-n_1} = \genfrac{}{}{0pt}{}{4}{4}$.
A seguir, mostraremos como dos caminhos (a), (b), (c) *e* (d) *obtém-se o caminho de* 64 *casas, isto é, a solução do problema do Euler.*
Da casa $\genfrac{}{}{0pt}{}{3}{6}$ *o cavalo pode pular para* $\genfrac{}{}{0pt}{}{4}{4}$, *ou, como vamos falar mais adiante várias vezes,* $\genfrac{}{}{0pt}{}{3}{6}$ ***une-se*** *à* $\genfrac{}{}{0pt}{}{4}{4}$.
Mas, a partir de (a) *e* (d) *podemos obter um novo caminho de* 32 *casas:*

$$\begin{array}{cccccccc} 5 & 4 & 2 & 1 & 3 & 2 & 1 & 3 \\ 5 & 3 & 4 & 2 & 1 & 3 & 1 & 2 \end{array}$$

$$\begin{array}{cccccccc} 1 & 2 & 4 & 3 & 1 & 2 & 4 & 3 \\ 3 & 1 & 2 & 4 & 5 & 7 & 8 & 6 \end{array}$$

$$\begin{array}{cccccccc} 4 & 5 & 7 & 8 & 6 & 7 & 8 & 6 \\ 4 & 6 & 5 & 7 & 8 & 6 & 8 & 7 \end{array}$$

$$\begin{matrix} 8 & 7 & 5 & 6 & 8 & 7 & 5 & 6 \\ 6 & 8 & 7 & 5 & 4 & 2 & 1 & 3 \end{matrix} \quad (e)$$

Isto é, simplesmente o final do caminho (a) *unimos com o início do caminho* (d).

Pelas condições adotadas, a casa

$$\begin{matrix} 9-m_{16} \\ n_{16} \end{matrix} = \begin{matrix} 6 \\ 6 \end{matrix}$$

une-se à casa

$$\begin{matrix} m_1 \\ 9-n_1 \end{matrix} = \begin{matrix} 5 \\ 4 \end{matrix}$$

Na verdade, temos

$$[(9-m_{16})-m_1]^2+[n_{16}-(9-n_1)]^2=[(9-m_1)-m_{16}]^2+[(9-n_1)-n_{16}]^2 \quad (6)$$

Sabemos[3], *que se o cavalo está em condições de se movimentar da casa* (a,b) *para a casa* (x,y), *então temos a seguinte relação:*

$$(x-a)^2+(y-b)^2=5$$

Mas, por hipótese, a casa (m_{16},n_{16}) *junta-se com a casa* $(9-m_1,9-n_1)$. *Por isto, temos*

$$[(9-m_1)-m_{16}]^2+[(9-n_1)-n_{16}]^2=5,$$

o que implica, de acordo com (6), *que*

$$[(9-m_{16})-m_1]^2+[n_{16}-(9-n_1)]^2=5,$$

isto é, $(9-m_{16},\ n_{16})$ *também junta-se à* $(m_1,\ 9-n_1)$, *como queríamos demonstrar.*

Desta forma obtém-se o segundo caminho de 32 *casas, formado pelos caminhos* (b) *e* (c) *como foi estabelecido em (e):*

$$\begin{matrix} 4 & 5 & 7 & 8 & 6 & 7 & 8 & 6 & 8 & 7 & 5 & 6 & 8 & 7 & 5 & 6 \\ 5 & 3 & 4 & 2 & 1 & 3 & 1 & 2 & 3 & 1 & 2 & 4 & 5 & 7 & 8 & 6 \end{matrix}$$

$$\begin{matrix} 5 & 4 & 2 & 1 & 3 & 2 & 1 & 3 & 1 & 2 & 4 & 3 & 1 & 2 & 4 & 3 \\ 4 & 6 & 5 & 7 & 8 & 6 & 8 & 7 & 6 & 8 & 7 & 5 & 4 & 2 & 1 & 3 \end{matrix} \quad (f)$$

[3]Veja Capítulo Iv, parágrafo 3, página 42

Falta, portanto, juntar os dois caminhos (e) *e* (f) *em um só caminho. Como fazer isto?*

O caminho (e) *termina na casa* $\begin{matrix} 9-m_{16} \\ 9-n_{16} \end{matrix} = \begin{matrix} 6 \\ 3 \end{matrix}$. *Além disso, o caminho* (e) *é fechado, isto é, seu final* $\begin{matrix} 9-m_{16} \\ 9-n_{16} \end{matrix} = \begin{matrix} 6 \\ 3 \end{matrix}$ *junta-se com sua inicial* $\begin{matrix} 9-m_{16} \\ 9-n_{16} \end{matrix}$ $= \begin{matrix} m_1 \\ n_1 \end{matrix} = \begin{matrix} 9-m_{16} \\ 9-n_{16} \end{matrix} = \begin{matrix} 5 \\ 5 \end{matrix}$ *Observemos que tal fecho sempre ocorre quando* (m_{16}, n_{16}) *junta-se com* $(9-m_1, 9-n_1)$, *pois*

$$[(9-m_1)-m_{16}]^2 + [(9-n_1)-n_{16}]^2 = 5 = [(9-m_{16})-m_1]^2 = [(9-n_{16})-n_1]^2.$$

Pelo mesmo motivo, o caminho (f) *será fechado.*

Procuremos no caminho (f) *uma casa que se junte com o final* $\begin{matrix} 6 \\ 3 \end{matrix}$ *do caminho* (e). *Esta será a casa* $\begin{matrix} 8 \\ 2 \end{matrix}$ *Devido ao fecho do caminho* (f), *podemos ter* $\begin{matrix} 8 \\ 2 \end{matrix}$ *como início e a casa juntada* $\begin{matrix} 7 \\ 4 \end{matrix}$ *como final, isto é, transformar* (f) *da seguinte forma:*

$$\begin{matrix} 8 & 6 & 7 & \dots & 3 & 4 & 5 & 7 \\ 2 & 1 & 3 & & 3 & 5 & 3 & 4 \end{matrix}$$

e reescrever o caminho obtido para (e). *Isto nos dá a solução do problema de Euler:*

$$\begin{matrix} 5 & 4 & 2 & 1 & 3 & 2 & 1 & 3 \\ 4 & 3 & 4 & 2 & 1 & 3 & 1 & 2 \end{matrix}$$

$$\begin{matrix} 1 & 2 & 4 & 3 & 1 & 2 & 4 & 3 \\ 3 & 1 & 2 & 4 & 5 & 7 & 8 & 6 \end{matrix}$$

$$\begin{matrix} 4 & 5 & 7 & 8 & 6 & 7 & 8 & 6 \\ 4 & 6 & 5 & 7 & 8 & 6 & 8 & 7 \end{matrix}$$

$$\begin{matrix} 8 & 7 & 5 & 6 & 8 & 7 & 5 & 6 \\ 6 & 8 & 7 & 5 & 4 & 2 & 1 & 3 \end{matrix}$$

$$\begin{matrix} 8 & 6 & 7 & 8 & 6 & 8 & 7 & 5 \\ 2 & 1 & 3 & 1 & 2 & 3 & 1 & 2 \end{matrix}$$

$$\begin{matrix} 6 & 8 & 7 & 5 & 6 & 5 & 4 & 2 \\ 4 & 5 & 7 & 8 & 6 & 4 & 6 & 5 \end{matrix}$$

$$\begin{matrix} 1 & 3 & 2 & 1 & 3 & 1 & 2 & 4 \\ 7 & 8 & 6 & 8 & 7 & 6 & 8 & 7 \end{matrix}$$

$$\begin{matrix} 3 & 1 & 2 & 4 & 3 & 4 & 5 & 7 \\ 5 & 4 & 2 & 1 & 3 & 5 & 3 & 4 \end{matrix} \quad \text{(g)}$$

Obtemos um movimento fechado do cavalo, pois o início $\begin{matrix} 5 \\ 4 \end{matrix}$ *junta-se com o final* $\begin{matrix} 7 \\ 4 \end{matrix}$ *, o que nos leva ao seguinte teorema importante:*

Teorema 5.1. - *Para qualquer casa do tabuleiro, existe uma solução fechada do problema de Euler.* ***Prova***

A prova muito fácil. De fato, suponha, por exemplo, que a casa inicial seja a casa $(1,1)$. *Devido ao fecho, podemos transformar o caminho* (g) *de tal forma que a casa* $(1,1)$ *seja o início, e a casa anterior* $(2,3)$ *seja o final do movimento do cavalo, isto é, escrevemos primeiramente* $\begin{matrix} 1 \\ 1 \end{matrix}$ *, depois* $\begin{matrix} 3 \\ 3 \end{matrix}$ *,* $\begin{matrix} 1 \\ 3 \end{matrix}$ *, e assim sucessivamente até* $\begin{matrix} 7 \\ 4 \end{matrix}$ *, depois para* $\begin{matrix} 7 \\ 4 \end{matrix}$ *escrevemos o início* $\begin{matrix} 5 \\ 5 \end{matrix}$ *e todas as casas seguintes até* $\begin{matrix} 2 \\ 3 \end{matrix}$ *Assim, obtemos:*

$$\begin{matrix} 1 & 3 & 1 & 3 & \cdots & 7 & 5 & 4 & 2 & \cdots & 2 \\ 1 & 2 & 3 & 3 & \cdots & 4 & 5 & 3 & 4 & \cdots & 3 \end{matrix}$$

e isto é a solução do problema.

Conseguimos resolver o problema de Euler, juntando dois caminhos de 32 *casas em um, e isto nos ajuda num processo aleatório: para o final* $\begin{matrix} 8 \\ 3 \end{matrix}$ *do primeiro caminho encontramos a casa* $\begin{matrix} 8 \\ 2 \end{matrix}$ *até o segundo caminho, juntando com* $\begin{matrix} 6 \\ 3 \end{matrix}$ *. Mas, na verdade, se isto não acontece, de qualquer maneira podemos resolver o problema, como afirma o teorema seguinte:*

Teorema 5.2. - *Se o caminho de* 16 *casas:*

$$(m_1, n_1),\ (m_2, n_2),\ \ldots,\ (m_{16}, n_{16}) \qquad (1)$$

satisfaz as condições (2) *e* (m_{16}, n_{16}) *junta-se à casa* $(9 - m_1, 9 - n_1)$, *então do caminho* (1) *e dos caminhos*

$$(9 - m_1, n_1),\ (9 - m_2, n_2,\ \ldots,\ (9 - m_{16}, n_{16}) \qquad (3)$$

$$(m_1, 9 - n_1),\ (m_2, 9 - n_2,\ \ldots,\ (m_{16}, 9 - n_{16}) \qquad (4)$$

$$(9 - m_1, 9 - n_1),\ (9 - m_2, 9 - n_2,\ \ldots,\ (9 - m_{16}, 9 - n_{16}) \qquad (5)$$

podemos construir um caminho com 64 *casas.*
Prova

Por hipótese, a casa (m_{16}, n_{16}) *junta-se à casa* $(9 - m_1, 9 - n_1)$, *mas então, como já provamos antes, a casa* $(9 - m_{16}, 9 - n_{16})$ *deve juntar-se à casa* $(m_1, 9 - n_1)$, *de onde obtemos dois caminhos fechados de* 32 *casas:*

$$\begin{array}{c} (m_1, n_1) \\ (9 - m_1, 9 - n_1) \\ \\ (m_2, n_2) \\ (9 - m_2, 9 - n_2) \\ \\ \ldots \\ \ldots \\ \\ (m_{16}, n_{16}) \\ (9 - m_{16}, 9 - n_{16}) \end{array} \qquad 7$$

e

$$\begin{array}{cccc} (9 - m_1, n_1) & (9 - m_2, n_2) & \cdots & (9 - m_{16}, n_{16}) \\ (m_1, 9 - n_1) & (m_2, 9 - n_2) & \cdots & (m_{16}, 9 - n_{16}) \end{array} \qquad (8)$$

Agora nosso esforço deve ser direcionado para que as casas (7) *e* (8) *se juntem em um caminho. Se no caminho* (7) *encontramos a casa* (m, n) *que se juntaria com a casa* (u, v) *do caminho* (8), *então esta união poderia ser mais simples, atuando da seguinte forma. Fazemos em* (7), *com a casa* (m, n) *no início, e a casa anterior sendo* $(m',\ n')$ *seu final. Para isto, escrevemos de* (7) *todas as casas, começando com* $(m,\ n)$ *e terminando na casa* $(9-m_{16}, 9-n_{16})$, *e também escrevemos*

$$(m_1, n_1),\ (m_2, n_2),\ \cdots,\ (m', n')$$

que é permitido, pois a casa final $(9-m_{16}, 9-n_{16})$ *junta-se com* (m_1, n_1).

Como resultado, obtemos um caminho fechado:

$$(m, n),\ \ldots,\ (9-m_{16}, 9-n_{16}),\ (m_1, n_1),\ (m_2, n_2),\ \ldots,\ (m', n') \qquad (9)$$

De forma análoga, transformamos (8) *em:*

$$(u, v),\ \ldots,\ (m_{16}, 9-n_{16}),\ (m_1, n_1),\ (m_2, n_2),\ \ldots,\ (u', v'), \qquad (10)$$

onde (u', v') *é a casa anterior à casa* (u, v).
Agora, podemos ver como construir, neste caso, o movimento do cavalo. É necessário escrever (10) *em ordem inversa e depois reescrever* (9), *obtendo:*

$$(u', v'), \ldots, (9-m_2, n_2),\ (9-m_1, n_1),\ (m_{16}, 9-n_{16}), \ldots, (u, v),$$

$$(m, n), \ldots, (9-m_{16}, 9-n_{16}),\ (m_1, n_1), \ldots, (m', n').$$

Portanto, falta ainda estabelecer que as duas casas (m, n) *e* (u, v) *realmente existem.*
Para mostrar isto, imaginemos que o cavalo se movimenta da casa $(9-m_{16}, 9-n_{16})$ *para a casa* $(9-m_1, n_1)$ *da seguinte forma:*

$$(9-m_{16}, 9-n_{16}),\ (a_1, b_1),\ \ldots,\ (a_k, b_k),\ (a_{k+1}, b_{k+1}),\ \ldots,\ (9-m_1, n_1).$$

Seja (a_k, b_k) *a última casa que pertença ao caminho* (7). *Então a casa* (a_{k+1}, b_{k+1}) *não pode estar fora de* (8), *ela, com certeza, está entre as casas do caminho* (8), *pois* (7) *e* (8) *considerados juntos contêm todas as casas do tabuleiro. Desta forma, realmente podemos tomar a casa* (a_k, b_k) *por* (m, n) *e* (a_{k+1}, b_{k+1}) *por* (u, v), *e com isto o teorema fica provado.*
Assim, vimos que a solução do problema de Euler leva à construção de um caminho fechado de 16 *casas que satisfaz às condições do Teorema II. No entanto, vale notar que a movimentação encontrada do cavalo por todo o tabuleiro, de acordo com o Teorema, será um caminho fechado.*
Na prática, como podemos encontrar o caminho (1)*?*
Obviamente, que com a ajuda do "prob"podemos conseguir, mas não é sempre fácil e cômodo. Na seção seguinte analisaremos um método de busca de tal caminho, que dará uma classe inteira de soluções do problema de Euler.

5.3 Construção do caminho com 16 casas: a solução do problema de Euler

A ideia deste método consiste em dividir o tabuleiro em 4 *partes iguais, com* 16 *casas cada uma, veja a Figura 20 (II), e em cada parte percorremos com o cavalo um caminho fechado que consiste de* 4 *casas. A dificuldade em geral aparece quando em cada parte obtém-se* 4 *caminhos que contêm* 16 *casas do tabuleiro. Escolhemos de cada parte do tabuleiro um caminho de* 4 *casas, de tal forma que suas* 16 *casas sejam exigidas as limitações* (2), *isto é, exigimos que tenham lugar as condições:*

$$m_i = m_k \tag{5.1}$$

$$n_i \neq 9 - n_k \tag{5.2}$$

quando

$$m_i = 9 - m_k \tag{5.3}$$

$$n_i \neq n_k \tag{5.4}$$

quando

$$m_i = 9 - m_k \tag{5.5}$$

$$n_i \neq 9 - n_2 \tag{5.6}$$

Se, também, estas 16 *casas conseguem se unir em um caminho*

$$(x_1, y_1),\ (x_2, y_2),\ \ldots,\ (x_{16}, y_{16})$$

no qual a última casa se junta à casa $(9 - x_1,\ -y_1)$, *então a solução do problema de Euler estará garantida.*
Inicialmente, analisemos o movimento fechado do cavalo numa fração do tabuleiro, por exemplo, no primeiro, um quarto. Denotemos por a_0, a_1, a_2 *e* a_3 *as casas sucessivas ocupadas pelo cavalo e liguemos estas casas por segmentos de retas. É fácil ver que, depois de tal ligação, obtemos ou um losango ou um quadrado, veja Figura 6.3A, a seguir.*
Denotemos, respectivmente, por b_0, b_1, b_2, b_3, c_0, c_1, c_2, c_3 *e* d_0, d_1, d_2, d_3 *os caminhos fechados no segundo, terceiro e quarto quartos do tabuleiro, veja*

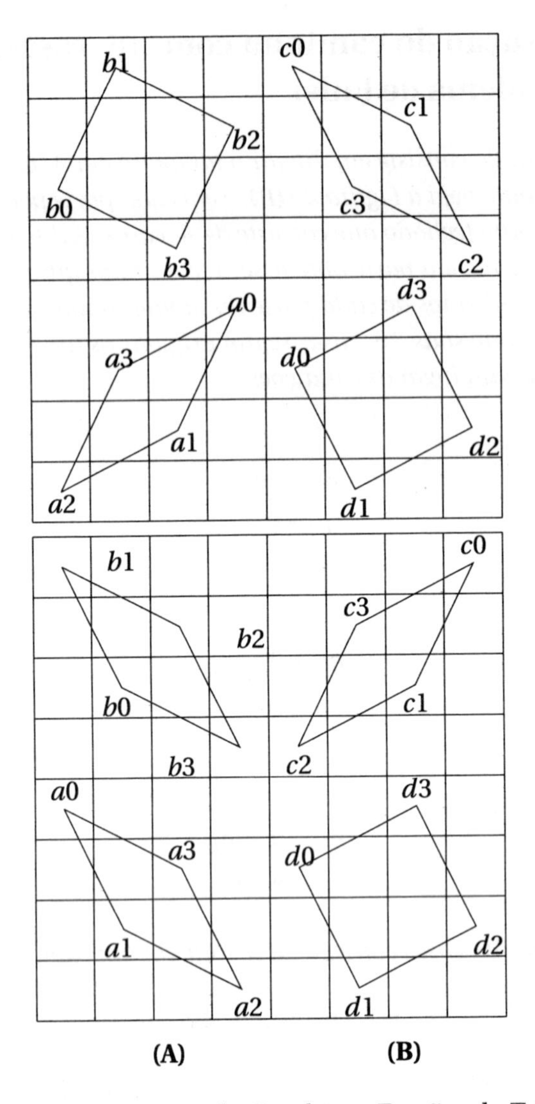

Figura 5.3: Movimentos do Cavalo em Frações do Tabuleiro

Figura 6.3. Observa-se que, pelas limitações de (2) *é possível somente os seguintes casos:*
(a) dois losangos da mesma direção e situados numa mesma metade do tabuleiro, e na outra metade encontram-se os quadrados com os lados paralelos direcionados. Uma das possíveis distribuições dos losangos e quadrados está

indicada na Figura 6.3.
(b) a segunda distribuição obtém-se do caso anterior, se os quartos do tabuleiros que contêm os losangos, girarem cada um em um ângulo de $90°$, *veja Figura 6.3A, acima.*
(c) dois losangos encontram-se em casas situadas em quartos diametralmente opostos e direcionados diferentemente, precisamente: um direcionado ao longo da diagonal direita e o outro ao longo da diagonal esquerda. Nos outros quartos do tabuleiro estão os quadrados mas, não com os lados direcionados paralelamente, veja Figura 6.3B.
(d) a última posição obtemos se os quartos do tabuleiro que contêm os losangos. Girar, cada uma, em um ângulo de 90°, *veja Figura 6.3A acima.*
Mas, é necesário desconsiderar as posições (c) e (d), pois não é possível ligar 4 *caminhos em um. Restam, portanto, as posições (a) e (b), e agora mostremos que realmente, distribuindo em cada quarto do tabuleiro os losangos e quadrados como foi indicado nos itens (a) e (b), podemos obter as soluções do problema de Euler e entre eles os fechados. Vamos limitar a análise do caso (a).*
É fácil ver que existem somente 8 *distribuições dos losangos e quadrados do tipo (a), mas, todos eles obtêm-se de um por meio de rotações do tabuleiro e reflexão das colunas. Por isto, é suficiente considerar a distribuição dos losangos e quadrados da Figura 6.3. Aqui*

$$a_0,\ a_1,\ a_2,\ a_3,\ b_0,\ b_1,\ b_2,\ b_3,\ c_0,\ c_1,\ c_2,\ c_3,\ d_0,\ d_1,\ d_2,\ d_3 \qquad (11)$$

formam o caminho de 16 *casas, com seu final* d_3 *ligando-se com a casa diametralmente oposta ao início* a_0 [4]
Convém observar que, existe uma série de caminhos que dão novas soluções para o problema de Euler, por exemplo:

$$d_0,\ d_1,\ d_2,\ d_3,\ c_2,\ c_1,\ c_0,\ c_3,\ a_0,\ a_1,\ a_2,\ a_3,\ b_0,\ b_1,\ b_2,\ b_3;$$

$$c_3,\ c_0,\ c_1,\ c_2,\ d_3,\ d_2,\ d_1,\ d_0,\ a_1,\ a_2,\ a_3,\ a_0,\ b_3,\ b_2,\ b_1,\ b_0$$

etc. Realizemos todas as operações até o final, para mostrar que de (11) *obtemos uma solução fechada.*

[4] Se temos a casa $(m,\ n)$, então a casa $(9-m,\ 9-n)$ chama-se diametralmente oposta com relação à casa $(m,\ n)$. Em geral, para o tabuleiro com n^2 casas, a casa $(n+1-a,\ n+1-b)$ será diametralmente oposta à casa (a, b).

Trocando $a_0, a_1, a_2, a_3, b_0, b_1, b_2, b_3, c_0, c_1, c_2, c_3$ *e* d_0, d_1, d_2, d_3 *pela suas coordenadas, obtemos*

$$\begin{matrix} 4 & 3 & 1 & 2 & 1 & 2 & 4 & 3 & 5 & 7 & 8 & 6 & 5 & 6 & 8 & 7 \\ 4 & 2 & 1 & 3 & 5 & 7 & 8 & 6 & 7 & 8 & 6 & 5 & 3 & 1 & 2 & 4 \end{matrix}$$

donde, de acordo com o parágrafo anterior, vamos ter ainda três caminhos de 16 *casas:*

$$\begin{matrix} 5 & 6 & 8 & 7 & 8 & 7 & 5 & 6 & 4 & 2 & 1 & 3 & 4 & 3 & 1 & 2 \\ 4 & 2 & 1 & 3 & 5 & 7 & 8 & 6 & 7 & 8 & 6 & 5 & 3 & 1 & 2 & 4 \end{matrix}$$

$$\begin{matrix} 4 & 3 & 1 & 2 & 1 & 2 & 4 & 3 & 5 & 7 & 8 & 6 & 5 & 6 & 8 & 7 \\ 5 & 7 & 8 & 6 & 4 & 2 & 1 & 3 & 2 & 1 & 3 & 4 & 6 & 8 & 7 & 5 \end{matrix},$$

$$\begin{matrix} 5 & 6 & 8 & 7 & 8 & 7 & 5 & 6 & 4 & 2 & 1 & 3 & 4 & 3 & 1 & 2 \\ 5 & 7 & 8 & 6 & 4 & 2 & 1 & 3 & 2 & 1 & 3 & 4 & 6 & 8 & 7 & 5 \end{matrix}$$

$$\begin{matrix} 4 & 3 & 1 & 2 & 1 & 2 & 4 & 3 & 5 & 7 & 8 & 6 & 5 & 6 & 8 & 7 \\ 4 & 2 & 1 & 3 & 5 & 7 & 8 & 6 & 7 & 8 & 6 & 5 & 3 & 1 & 2 & 4 \end{matrix}$$

$$\begin{matrix} 5 & 6 & 8 & 7 & 8 & 7 & 5 & 6 & 4 & 2 & 1 & 3 & 4 & 3 & 1 & 2 \\ 5 & 7 & 8 & 6 & 4 & 2 & 1 & 3 & 2 & 1 & 3 & 4 & 6 & 8 & 7 & 5 \end{matrix} \quad (12);$$

$$\begin{matrix} 5 & 6 & 8 & 7 & 8 & 7 & 5 & 6 & 4 & 2 & 1 & 3 & 4 & 3 & 1 & 2 \\ 4 & 2 & 1 & 3 & 5 & 7 & 8 & 6 & 7 & 8 & 6 & 5 & 3 & 1 & 2 & 4 \end{matrix}$$

$$\begin{matrix} 4 & 3 & 1 & 2 & 1 & 2 & 4 & 3 & 5 & 7 & 8 & 6 & 5 & 6 & 8 & 7 \\ 5 & 7 & 8 & 6 & 4 & 2 & 1 & 3 & 2 & 1 & 3 & 4 & 6 & 8 & 7 & 5 \end{matrix} \quad (13)$$

de 32 *casas cada um. Tentemos agora unir eles num só caminho. É fácil ver que, o final*

$$\begin{matrix} 2 \\ 5 \end{matrix}$$

do primeiro caminho une-se à casa $\begin{matrix} 3 \\ 3 \end{matrix}$ *do segundo.*

Por isto, (13) *escreve-se assim:*

$$\begin{matrix} 3 & 4 & \cdots & 5 & 7 & 8 & \cdots & 5 \\ 3 & 1 & \cdots & 4 & 5 & 7 & \cdots & 2 \end{matrix}$$

e adicionamos à (12). *Como resultado, obtemos a solução do problema de Euler:*

4 3 1 2 1 2 4 3 5 7 8 6 5 6 8 7
4 2 1 3 5 7 8 6 7 8 6 5 3 1 2 4

5 6 8 7 8 7 5 6 4 2 1 3 4 3 1 2
5 7 8 6 4 2 1 3 2 1 3 4 6 8 7 5

3 4 2 1 2 1 3 4 2 1 3 4 3 1 2 4
3 1 2 4 6 8 7 5 4 2 1 3 5 6 8 7

6 5 7 8 7 8 6 5 7 8 6 5 6 8 7 5
6 8 7 5 3 1 2 4 5 7 8 6 4 3 1 2 ,

e este caminho é fechado, pois $\genfrac{}{}{0pt}{}{5}{2}$ *junta-se com* $\genfrac{}{}{0pt}{}{4}{4}$.

Se as casas em ordem de consideração denotamos pelos números 1, 2, 3, 4, ⋯ , 64, *então obtemos o seguinte quadro de movimentos do cavalo em todo o tabuleiro, partindo da casa* d4 *e terminando na casa* e2, *passando por cada casa do tabuleiro uma única vez, veja Figura 6.4 a seguir.*

8	**38**	**47**	**30**	**7**	**50**	**59**	**10**	**19**
7	**31**	**6**	**39**	**48**	**9**	**18**	**51**	**58**
6	**46**	**37**	**8**	**29**	**60**	**49**	**20**	**511**
5	**5**	**32**	**45**	**40**	**17**	**12**	**57**	**52**
4	**36**	**41**	**28**	**1**	**56**	**61**	**16**	**21**
3	**27**	**4**	**33**	**44**	**13**	**24**	**53**	**62**
2	**42**	**35**	**2**	**25**	**64**	**55**	**22**	**15**
1	**3**	**26**	**43**	**14**	**23**	**14**	**63**	**54**
	a	*b*	*c*	*d*	*e*	*f*	*g*	*h*

Figura 5.4: Movimento do Cavalo em Todo o Tabuleiro

5.4 Método de Euler

Nos dois parágrafos anteriores foi apresentado o método de Vandermonde. O método de Euler baseia-se em outro princípio, e para ter uma visão mais clara em que consiste, consideremos o seguinte exemplo concreto.

Coloquemos o cavalo em qualquer casa, por exemplo, em $(1,1)$ *e escrevamos nela o número* 1 *e, na casa diametralmente oposta, escrevemos o número* 33, *veja Figura 6.5 a seguir. Movemos agora a peça arbitrariamente*

8	10		48	35			46	33
7	49	36	9		47	34	7	58
6		11				45		19
5	37	50				6		44
4	12		38				18	5
3	51		13				43	60
2		39	2	15		41	4	17
1	1	14		40	8	16		42
	1	2	3	4	5	6	7	8

Figura 5.5: Movimento do cavalo

para uma casa vazia, por exemplo $(3,2)$, *onde escrevemos o número* 2, *e em* $(6,7)$, *diametralmente oposta, escrevemos* 34. *Continuando, da casa* $(3,2)$ *ou casa* 2, *de modo arbitrário movemos o cavalo para uma casa vazia, por exemplo, na casa* $(5,1)$. *Escrevamos em* $(5, 1)$ *o número* 3, *e na casa diametralmente oposta,* $(4,8)$, *o número* 35, *e assim sucessivamente. Movimentando de forma análoga, chegamos, sem repetição, até a casa* $(8,6)$ *ou* 19. *Depois de* 19 *movimentações sem repetição de casas, já não é mais possível movimentar. Desta forma, temos o seguinte caminho:*

$$1, 2, 3, 4, \ldots, 19$$

e o caminho

$$33, 34, 35, 36, \ldots, 51,$$

que consiste de casas diametralmente opostas às casas do caminho $1, 2, 3, 4, \ldots, 19$. *Da Figura 6.6, a seguir, é claro que muitas casas ficaram vazias, mas uma parte delas podemos completar com números. Para isto, observamos que da casa marcada com o número* 1, *localizada no canto inferior esquerdo, o cavalo pode pular para a casa vazia* $(2,3)$. *Nela escrevemos o número* 64, *e na casa diagonalmente oposta, o número* 32 *e também fazemos um movimento arbitrário para uma das casas vazias que sobraram, por exemplo, para a casa* $(3,1)$ *ou* 63. *A correspondente casa diametralmente oposta será a do número* 31 *e assim sucessivamente, até não aparecer repetições. Desta*

10	29	48	35	8	31	46	33
49	36	9	30	47	34	7	58
28	11	*A*	*C*	*f*	45	32	19
37	50	*B*	*D*	*e*	6	50	44
12	27	38	*E*	*d*	*b*	18	5
51	64	13	*F*	*c*	*a*	43	60
26	39	2	15	62	41	4	17
1	14	63	40	3	16	61	42

Figura 5.6: Movimento possível do cavalo

forma, obtemos dois novos caminhos:

$$1, 64, 63, \ldots, 58$$

e

$$33, 32, 31, \ldots, 26,$$

veja a Figura 6.6 *acima, que junto com o antigo nos dão dois novos caminhos:*

$$58, 59, 60, \ldots, 64, 1, 2, \ldots, 19 \qquad (I)$$

e

$$26, 27, 28, \cdots, 32, 33, 34, \ldots, 55 \qquad (II)$$

Após isto, sobraram ainda 12 *casas vazias. Nelas escrevemos as letras:*

$$A, a, B, b, C, c, D, d, E, e, F, f,$$

onde com as letras maiúsculas foram denotadas as casas diametralmente opostas às casas denotadas com as letras minúsculas. Por exemplo, a casa identificada com A *é diametralmente oposta à casa identificada com* a, *veja na Figura 6.6 acima. Tentemos agora unir todas estas casas com os caminhos* (I) *e* (II). *Para isto, será necessário usar a chamada transformação de Bertrand*[5], *que consiste do seguinte:*

Seja algum caminho de i *casas:*

$$(m_1, n_1),\ (m_2, n_2),\ \ldots,\ (m_i, n_i)$$

e seja (m_k, n_k), *com* $k \neq (i-1)$, *que se juntam com* (m_i, n_i). *Então podemos transformar nosso caminho assim:*

$$(m_1, n_1),\ (m_2, n_2),\ \ldots,\ (m_k, n_k),$$

$$(m_i, n_i),\ (m_{i-1}, n_{i-1}),\ \ldots,\ (m_{k+1}, n_{k+1}).$$

Agora voltemos ao nosso problema. Tentemos ao caminho (I) *juntar duas casas com letras distintas. É fácil ver que, a casa* 6 *junta-se à casa final com* 19, *a seguinte, casa* 7, *junta-se à casa* f. *Por sua vez,* f *junta-se à casa* B. *Aplicando a transformação de Bertrand ao caminho* (I) *e juntando* f, B, *obtemos*

$$58, 59, \ldots, 64, 1, 2, \ldots, 6, 19, 18, \ldots, 7, f, B. \qquad (I_1)$$

Para (II), *é suficiente escrever na correspondente ordem das casas diametralmente opostas. Assim, obtemos:*

$$26, 27, \ldots, 32, 33, 34, \ldots, 38, 51, 52, \ldots, 39, F, b. \qquad (II_2)$$

[5]Joseph Louis François Bertrand (1822-1900), matemático francês, historiador de ciências. Em 1845, lançou a conjectura, conhecida como Postulado de Bertrand, que afirma: sempre existe ao menos 1 número primo entre n e $2n-2$, para todo n maior do que 3. O matemático russo Tchebychev demonstrou a conjectura em 1850

Novamente, transformamos (I_1), *observando que a casa* 12 *junta-se à casa com o final* B, *e a casa* 11, *a seguinte depois de* 12, *junta-se com a casa* D *e o final* D *com a casa* c *(não podemos escolher* b, *pois ela entrou em* (II_1). *Assim, obtemos:*

$$58, 59, 64, \ldots, 1, 2, \ldots, 6, 19, \ldots, 12, B, f, 7, \ldots, 11, D, c \qquad (I_2)$$

e correspondentemente

$$26, 27, \ldots, 32, 33, 34, \ldots, 38, 51, \cdots, 44, b, F, 39, \ldots, 43, d, C. \qquad (II_2)$$

Novamente, transformemos (I_2), *o final de* c *junta-se com* 16, *e* 15, *que segue em* (I_2) *depois de* 16, *junta-se com* a *(poderíamos usar no lugar de* 16 *e* 15 *os números* 2 *e* 3*). Por sua vez,* a *junta-se à casa* E. *Daí temos:*

$$58, 59, \ldots, 64, 1, 2, \ldots, 6, 19, \ldots$$

$$\ldots, 16, c, D, 11, \ldots, 7, f, B, 12, \ldots, 15, a, E. \qquad (I_3)$$

e

$$\ldots, 26, 27, \ldots, 32, 33, 34, \ldots, 38, 51, \ldots,$$

$$\ldots, 48, C, d, 43, \ldots, 39, F, b, 44, \ldots, 47, A, c. \qquad (II_3)$$

Assim, todas as casas nomeadas com todas as letras foram juntadas. Falta somente juntar (I_3) *e* (II_3) *em um caminho. Para isto, encontramos em* (I_3) *uma casa que se junte com a casa nomeada com* 26, *que será o início do caminho* (II_3), *e a casa anterior juntamos com o final* E *do caminho* (I_3). *É fácil ver que a casa* 63 *satisfaz esta condição. Na verdade, a casa* 63 *junta-se à casa* 26, *e a casa* 62, *anterior à casa* 63, *junta-se com o final* E *do caminho* (I_3). *Por isto, aplicamos a transformação de Bertand ao caminho* (I_3), *de tal modo que* 63 *fosse o final. Isto nos dá:*

$$58, 59, \ldots, 62, E, a, 15, \ldots, 12, B, f, 7, \ldots$$

$$\ldots, 11, D, C, 16, \ldots, 19, 6, \ldots, 1, 64, 63.$$

Reescrevendo (II_3), *temos:*

$$26, 27, \ldots, 30, e, A, 47, \ldots, 44, b, F, 39, \cdots$$

$$\ldots, 43, d, C, 48, \ldots, 51, 38, \ldots, 33, 32, 31.$$

Agora podemos juntar os caminhos obtidos em um só, precisamente em:

$$58, \ldots, 62, E, a, 15, \ldots, 12, B, f, 7, \ldots, 11, D, c,$$

$$16, \ldots, 19, 6, \ldots, 1, 64, 63, \ldots, 26, \ldots, 30, e, A,$$

$$47, \ldots, 44, b, F, 39, \ldots, 43, d, C, 48, \ldots, 38, \cdots, 31,$$

onde tivemos um solução fechada para o problema do cavalo.
Tomando a casa 58 *como início, obtemos o seguinte quadro de movimentos do cavalo, Figura 6.7, a seguir. Infelizmente, o método de Euler apresenta*

17	36	53	60	15	64	62	62
54	50	16	37	40	61	14	1
35	18	39	52	13	42	63	24
58	55	12	19	38	25	2	43
11	34	57	6	51	44	23	26
56	31	10	45	20	7	50	3
33	46	29	8	5	48	27	22
30	9	32	47	28	21	4	49

Figura 5.7: Movimento possível do cavalo

uma insuficiência substancial: ele é trabalhoso, complexo e frequentemente é pesado. Depois foram encontrados outros métodos de solução muito mais simples, como, por exemplo, o método de Collini[6]

[6]**Cosimo Alessandro Collini** (1727-1806), italiano de família nobre de Florença, foi durante cinco anos Secretário do filósofo francês Voltaire. Em 1773, escreveu um livro com o título: "Solution du problemaae du Cavalier au jeu de echecs or "(Solução para o problema do cavalo para o jogo de xadrez)".

5.5 Método de Collini

Collini, secretário do famoso filósofo francês do século XVII Voltaire, propôs um método fácil e inteligente de solução do problema de Euler.
Consideremos no tabuleiro comum um quadrado central de 16 *casas. Ele estará rodeado por uma margem de* 48 *casas. Depois colocamos* 4 *cavalos no pequeno quadrado de* 4 *casas, que tocam os cantos do tabuleiro, e denotamos suas posições com as letras* a_1, b_1, c_1, d_1, *veja Figura 6.8 a seguir: Se*

b_{10}	a_{10}	c_{10}	d_{10}	b_9	a_8	c_8	d_8
c_{11}	d_{11}	b_9	a_9	c_9	d_9	b_7	a_7
a_{11}	b_{11}	d_{13}	c_{13}	b_{14}	a_{14}	d_7	c_7
d_{12}	c_{12}	b_{13}	a_{13}	d_{14}	c_{14}	a_6	b_6
b_{12}	a_{12}	c_{16}	d_{16}	a_{15}	b_{15}	c_6	d_6
c_1	d_1	a_{16}	b_{16}	c_{15}	d_{15}	b_5	a_5
a_1	b_1	d_3	c_3	a_3	b_3	d_5	c_5
d_2	c_2	a_2	b_2	d_4	c_4	a_4	b_4

Figura 5.8: Método de Collini I

começamos a movimentar o cavalo a partir da casa a_1 *e ao longo dos extremos do tabuleiro, passando sequencialmente pelas casas* $a_2, a_3, \ldots, a_{12}$, *ele pode voltar à casa* a_1, *pois* a_{12} *junta-se com* a_1. *Pulamos também de* a_{12} *para o quadrado central e descrevemos com o cavalo um quadrado ou losango, para poder voltar à posição de origem* a_1. *Neste caso, isto será um losango* $a_{13}, a_{14}, a_{15}, a_{16}$.
No final, obtemos o caminho fechado:

$$a_1, a_2, a_3, \ldots, a_{12}, a_{13}, a_{14}, a_{15}, a_{16}, \qquad (14)$$

que consiste de duas partes fechadas:

$$a_1,\ a_2,\ a_3,\ldots,a_{12} \text{ e } a_{13},\ a_{14},\ a_{15},\ a_{16}.$$

Analogamente, para os cavalos restantes, obtêm-se movimentos fechados:

$$b_1,\ b_2,\ b_3,\ldots,\ b_{12},\ b_{13},\ b_{14},\ b_{15},\ b_{16}, \qquad (15)$$

$$c_1,\ c_2,\ c_3,\ldots,\ c_{12},\ c_{13},\ c_{14},\ c_{15},\ c_{16}, \qquad (16)$$

$$d_1,\ d_2,\ d_3,\ldots,\ d_{12},\ d_{13},\ d_{14},\ d_{15},\ d_{16}, \qquad (17)$$

cada um dos quais se divide em duas partes fechadas.
Os caminhos (14), (15), (16) *e* (17) *são fáceis de juntar em um só, podendo juntá-los de tal forma a obter um movimento não fechado. É fácil ver que, exceto algumas exclusões (que podem ser as casas* $a_1,\ a_7,\ b_4,\ b_{10},\ d_2$ *e* d_8*), cada casa de um caminho pode ser juntada com as casas de outro caminho. Por exemplo,* a_{16} *junta-se com* b_2*. Usando estas considerações, obtemos:*

$$a_1\ a_2\ \ldots\ a_{13}\ \ldots\ a_{16}\ b_2\ \ldots\ b_{12}\ b_{13}\ \ldots\ b_{16}\ b_1\ c_{16}\ \ldots\ c_{13}\ c_{12}\ \ldots\ c_1.$$

Por outro lado, c_1 *junta-se à* d_3*, e por isto podemos construir o caminho*

$$a_1\ \ldots\ a_{16}\ \ldots\ b_{16}\ b_2\ c_{16}\ \ldots\ c_1\ d_3\ \ldots\ d_{16}\ d_1\ d_2,$$

isto é, obtemos uma solução não fechada para o problema de Euler.
Mas, às vezes podemos obter movimentações fechadas, como mostra o exemplo abaixo.
Transformamos (17) *assim:*

$$d_4\ \ldots\ d_{16}\ d_1\ d_2\ d_3.$$

d_3 *junta-se à casa* a_{12}*, de onde obtemos:*

$$d_4\ \ldots\ d_{16}\ d_1\ d_2\ d_3\ a_{12}\ \ldots\ a_1\ a_{16}\ a_{15}\ a_{11}\ a_{13}.$$

Por outro lado, a_{13} *junta-se à* c_{13}*, e, por isto, formamos o caminho*

$$d_4\ \ldots\ d_{16}\ d_1\ d_2\ d_3\ a_{12}\ \ldots\ a_1\ a_{16}\ a_{15}\ a_{14}\ a_{13}\ c_{15}\ \ldots\ c_1\ c_{16}.$$

Finalmente, c_{16} *junta-se à* b_1*, e isto conduz à solução definitiva*

$$d_4\ \ldots\ d_{16}\ d_1\ d_2\ d_3\ a_{12}\ \ldots\ a_1\ a_{16}\ \ldots\ a_{13}\ c_{15}\ \ldots\ c_1\ c_{16}\ b_1\ \ldots\ b_{16},$$

que é fechado.
Podemos indicar um caminho mais sistemático para usar o método de Collini. Escolhemos de cada sequência (14), (15), (16) *e* (17) *por pares de casas vizinhas, de tal forma que elas formarão um caminho de* 8 *casas. Após isto, o problema de Euler estará resolvido. Por exemplo, é fácil observar que*

$$a_1 \; a_3 \; d_{16} \; d_{13} \; c_3 \; c_4 \; b_5 \; b_6$$

é um caminho do tipo indicado. Por isto (14), (15), (16) *e* (17) *transformamos correspondentemente assim:*

$$a_2 \;\; a_1 \;\; a_{16} \;\; \ldots \;\; a_3,$$

$$d_{16} \;\; d_1 \;\; d_2 \;\; \ldots \;\; d_{15},$$

$$c_3 \;\; c_2 \;\; c_1 \;\; c_{16} \;\; \ldots \;\; c_4,$$

$$b_5 \;\; b_4 \;\; b_3 \;\; b_2 \;\; b_1 \;\; b_n \;\; \ldots \;\; b_{16} \;\; \ldots \;\; b_6.$$

Depois disso, juntamos, sem dificuldade, todos eles em um único caminho

$$a_2 \;\; \ldots \;\; a_3 \;\; d_{16} \;\; \ldots \;\; d_{15} \;\; c_3 \;\; \ldots \;\; c_1 \;\; b_5 \;\; \ldots \;\; b_6,$$

que consiste de 64 *casas.*

5.6 A Regra de Warnsdorff

Num artigo com poucas páginas [13], publicado em 1823, *H. C. von Warnsdorff propôs a seguinte regra:*
(a) Os cavalos devem ser colocados em casas do tabuleiro a partir das quais ele contará com a menor quantidade de casas candidatas para dar seu passo seguinte;
(b) Se tais casas com o menor número de saltos no passo seguinte são mais do que um, então é irrelevante em qual casa colocamos os cavalos.
Infelizmente, até agora não foi encontrada uma fundamentação matemática desta regra, mas em sua primeira parte ela é confirmada empiricamente não somente no tabuleiro de 64 *casas, também em qualquer tabuleiro retangular ou quadrado que permite solução do problema de Euler.*
Colocamos o cavalo em outra casa (1, 1), *então seguindo a regra de Warnsdorff, percorremos todas as* 64 *casas do tabuleiro sem repetição, tal como mostra o Figura 6.9 a seguir.*
Com base na tabela seguinte podemos obter outras soluções de Euler:

64	17	20	9	56	43	22	7
19	10	63	48	21	8	25	42
16	61	18	55	44	57	6	23
11	34	49	62	47	24	41	26
50	15	60	33	54	45	58	5
35	12	53	46	59	40	27	30
14	51	2	37	32	29	4	39
1	36	13	52	3	38	31	28

Figura 5.9: Passeio do Cavalo Usando a Regra de Warnsdorff

No. da Casa que o cavalo está	No. da Casa com Menor de saltos	Menor no. de saltos	No. da Casa que o cavalo está	No. da casa com o menor no. de saltos	No. Menor de Saltos
1	2 ou 12	5	33	34 ou 40	4
2	3 ou 35	3	36	37 ou 33	4
8	9 ou 23	3	46	47 ou 49	3
23	24 ou 58	5	49	50 ou 54	3
25	26 ou 56	3	55	56 ou 60	2
29	30 ou 52	3	56	57 ou 63	2
32	33 ou 45	3	61	62 ou 64	1

Tabela 5.1: Outras Soluções de Euler

Observamos que, quando o cavalo está em 1, *pode escolher entre as casas* 2 *ou* 12. *Se em vez de escolher a casa* 2 *optar pela casa* 12, *então teríamos outra solução. Seguindo, encontrando-se na casa* 2, *o cavalo pode pular para a casa* 3 *ou para a casa* 35 *pela Regra de Warnsdorff. Tomamos arbitrariamente a casa* 3, *mas se tomássemos, em vez da casa* 3, *a casa* 35, *então teríamos nova solução para o problema de Euler, e assim sucessivamente.*
É necessário observar que na segunda parte de (*b*) *a regra não é sempre verdadeira, isto é, frequentemente acontece que a escolha da casa com o número menor de saltos possui valor determinante em qualidade de exemplo. Para simplificar, consideremos o tabuleiro com* 36 *casas. Suponhamos que o cavalo comece sua movimentação da casa* (3,3), *denotada pelo número* 1. *Aplicando estritamente a regra de Warnsdorff como é indicado na Figura 6.10 a seguir, não obteremos a solução de Euler, pois a casa* (1, 6) *fica vazia. Mas,*

	19	16	5	32	25
15	4	31	26	17	6
20	27	18	33	24	31
3	14	1	30	7	10
28	21	12	9	34	23
13	2	29	22	11	8

Figura 5.10:

podemos, pela regra de Warnsdorff, ainda, movimentar-nos da forma como é mostrado na Figura 6.11, a seguir: Vimos que, neste caso, todas as casas foram preenchidas.

26	17	32	5	28	23
15	4	27	24	33	6
18	25	16	31	22	29
3	14	1	34	7	10
36	19	12	3	30	21
13	2	35	20	11	8

Figura 5.11:

5.7 Tabuleiro de 16, 25, 36 e 49 casas

Nos parágrafos anteriores, consideramos, principalmente, o tabuleiro de 64 *casas. Todos os métodos de solução considerados podem ser de alguma forma estendidos para um tabuleiro com* n^2 *casas, mas nos limitaremos a casos particulares.*

Com relação ao tabuleiro de 16 *casas, é conhecido que para ele o problema de Euler não admite solução, isto é, podemos percorrer somente* 15 *casas sem repetição, a casa do canto permanece vazia.*

Passando para o tabuleiro com 25 *casas, devemos inicialmente observar que, num qualquer tabuleiro com um número ímpar de casas, o percurso fechado do cavalo é impossível. Demosntraremos a seguir este fato.*

Suponha nosso tabuleiro com μ *casas e que tenhamos o seguinte caminho fechado:*

$$(x_1, y_1),\ (x_2, y_2), \ldots, (x_\mu, y_\mu).$$

Com base na equação (13) *do parágrafo* 8, *capítulo II, obtemos as seguintes igualdades:*

$$(x_2 - x_1)^2 + (y_2 - y_1)^2 = 5;$$

$$(x_3 - x_2)^2 + (y_3 - y_2)^2 = 5;$$

....

b_7	b_{15}	b_4	b_9	a_5
b_5	b_{10}	a_6	b_{14}	b_3
b_{16}	a_8	b_0	a_4	b_8
b_{11}	b_6	a_2	b_2	b_{13}
a_1	b_1	b_{12}	b_7	a_3

Figura 5.12: Movimento do Cavalo num Tabuleiro 5 por 5

$$(x_1 - x_\mu)^2 + (y_1 - y_\mu)^2 = 5.$$

Somando, membro a membro, as igualdades, obtemos:

$$[(x_2 - x_1)^2 + (x_3 - x_2)^2 + \ldots + (x_1 - x_\mu)^2] + [(y_2 - y_1)^2 + \ldots + (y_1 - y_\mu)^2] = 5\mu,$$

ou depois de desenvolver as expressões dentro dos colchetes e algumas transformações, obtemos:

$$2[(x_1^2 + \ldots + x_\mu^2 - x_1x_2 - \ldots x_1x_\mu) + (y_1^2 + \ldots + y_\mu^2 - y_1x_2 - \ldots y_1y_\mu)] = 5\mu.$$

Podemos concluir então que 2 *divide* 5μ, *o que é possível somente se* μ *é par. Assim, demonstramos que, se no tabuleiro de* μ *casas existe uma solução fechada para o problema de Euler, então* μ *tem de ser par. Portanto, se* μ *for ímpar a movimentação do cavalo por um caminho fechado é impossível.*
Desta forma, olhando para os tabuleiros de 25 *e* 49 *casas, vemos que eles permitem somente soluções não fechadas para o problema de Euler, e nosso objetivo agora é procurar estas soluções.*
O tabuleiro de 25 *casas consiste de uma casa central rodeada de um marco de* 24 *casas. Coloquemos no centro, o cavalo* b_0 *e na casa do canto inferior esquerdo, o cavalo* a_1, *veja a Figura 6.12, a seguir. Seguindo o método de Collini, realizemos a movimentação das peças* a_1 *e* b_0 *ao longo do marco que circula o centro. Como resultado, obtemos dois caminhos:*

$$a_0\ a_1\ a_2\ \ldots\ a_8,$$

$$b_0\, b_1\, b_2\, \ldots\, b_{16}.$$

Se ligamos estes dois caminhos, então o problema está resolvido. Mas, fazer isso, é muito simples, pois b_{16} *junta-se com* a_2 *e no fechamento de* $a_1\, a_2\, a_3\, \ldots\, a_8$, *temos:*

$$a_2\, a_3\, a_4\, \ldots\, a_8\, a_1,$$

de onde obtemos imediatamente a solução para o problema de Euler:

$$b_0\, b_1\, \ldots\, b_{16}\, a_2\, a_3\, \ldots\, a_8\, a_1.$$

Para o tabuleiro de 49 *casas podemos obter a solução com ajuda da regra de Warnsdorff. Propomos ao leitor encontrar a solução, colocando o cavalo em uma das casas dos cantos do tabuleiro.*
Passemos para o tabuleiro de 36 *casas e usemos o método de Euler. Inicialmente, observemos que a casa* (a, b) *será diametralmente oposta à casa* $(7-a, 6-b)$. *Colocamos o cavalo, por exemplo, na casa* $(1,1)$, *que vamos denotar por* Nº*1. A casa diametralmente oposta à casa* Nº*1 será a* Nº*19 (no caso do tabuleiro de* $(2k)^2$ *casas, a casa semelhante obtém o número* $2k^2+1$*). Depois disto, seguindo o método de Euler, vamos obter o seguinte esquema, na Figura 6.13 a seguir, com as casas que são diametralmente opostas à casas* 1, 2, 3, 4, ... *e* 36, 35, 34, ... *são numeradas respectivamente pelos números* 19, 20, 21, 22, ... *e* 18, 17, 16, ... *(para o tabuleiro com* $(2k^2$ *casas, as casas* 1, 2, 3, ... *e* $(2k)^2$, $(2k)^2-1$, $(2k)^2-2$, ... *obtêm, respectivamente, os números* $(2k^2+1$, $2k^2+2$, $2k^2+3$, $2k^2+4$, ... *e* $2k^2$, $2k^2-1$, $2k^2-2$, ...*).*
Obtemos 2 *caminhos:*

$$32, \ldots, 36,\ 1, \ldots, 1, \ldots, 11$$

e

$$14, \ldots, 18,\ 19, \ldots, 29.$$

Juntemos a estes caminhos as casas A, B, a *e* b. *Usemos para este fim a transfromação de Bertran. Então, finalmente, chegamos a dois caminhos fechados desta forma:*

$$32, \cdots, 36,\ 1,\ 2,\ 11,\ 10, \ldots, 3,\ a,\ b,$$

$$14, \cdots, 13,\ 19,\ 20,\ 29,\ 28, \cdots, 21,\ A,\ B.$$

A	29	34	5	32	19
35	6	B	20	3	4
28	21	8	33	13	25
7	36	15	26	3	10
22	27	2	*b*	24	17
1	14	23	16	11	*a*

Figura 5.13:

Mas, é fácil ver que b *junta-se com* 14, *donde imediatamente obtemos a solução fechada:*

$32, \ldots, 36, 1, 2, 11, 10, \ldots, 3, a, b, 14, 18, \ldots, 18, 19, 20, 21, 29, 28, \ldots, 21, A, B.$

Tomemos a casa 32 *pela casa arbitrária e renumeramos as casas em ordem de aparecimento com números* $1, 2, 3, \ldots, 36$, *então teremos o seguinte diagrama explicativo (Figura 5.14, a seguir):*

35	26	3	14	1	24
4	13	36	25	10	15
27	34	11	2	23	30
12	5	20	29	16	9
33	28	7	18	31	22
6	19	32	21	8	17

Figura 5.14:

Capítulo 6

Complemento

6.1 problema de Euler sobre as Torres

No capítulo 3, mostramos que o problema de Euler sobre as torres, primeiramente foi resolvido pelo método do Cálculo Simbólico. Aqui daremos sequência ao desenvolvimento deste método.

, Sabemos que no tabuleiro de n^2 casas, podemos colocar n torres de $P_n = n!$ maneiras distintas, de tal modo que nenhuma delas ameace a outra. Estas P_n distribuições constam das seguintes disposições:

(a) Diposições do tipo Euler, isto é, tais disposições onde as casas da diagonal principal aa' não são ocupadas por torres. Precisamos determinar o número Q_n destes tipos de disposições.

(b) Disposições com uma $torre\ d$ na diagonal aa'. Para determinar a quantidade de disposições deste tipo, cancelamos a coluna e a linha da casa onde está a $torre\ d$. Então obtemos o tabuleiro de $(n-1)^2$ casas, onde nossas peças restantes formam uma disposição do tipo Euler. A torre d pode ocupar n posições distintas na diagonal aa'. Por isso, concluímos que existe ao todo Q_{n-1} disposições do tipo analisado.

(c) Disposições com duas torres d_1 e d_2 na diagonal aa'. Eliminando as colunas e as linhas que passam por d_1 e d_2, obtemos um tabuleiro com $(n-2)^2$ casas e nelas podemos dispor as torres no tipo Euler. Mas, as peças d_1 e d_2 podem ocupar na diagonal aa' somente $C_n^2 = \dfrac{n(n-1)}{2}$ posições diferentes, e, por isto, existem ao todo $C_n^2 Q_{n-2}$ diposições do tipo (c) etc.

(d) Em geral, entre as P_n disposições tem-se arranjos com p torres na di-

agonal aa'. *Eliminando as linhas e colunas que passam por essas torres, obtemos um tabuleiro com* $(n-p)^2$ *casas e neste tabuleiro temos arranjos tipo Euler. Além disto, na diagonal principal* aa', *podemos dispor* p *torres ao total* C_n^p *formas, o que segue que temos* $C_n^p Q_{n-p}$ *disposições do tipo (d).*
(e) Por fim, temos uma disposição com n *torres na diagonal* aa'.
De (a), (b), (c) *e* (d), *automaticamente segue que*

$$P_n = Q_n + C_n^1 Q_{n-1} + C_n^2 Q_{n-2} + \ldots + C_n^p Q_{n-p} + \ldots + 1 \qquad (1)$$

É fácil ver que, se desenvolvermos $(Q+1)^n$, *usando o Binômio de Newton, colocando*

$$Q_n,\, Q_{n-1},\, \ldots,\, Q_{n-p},\, \ldots,\, 1 \; no\; lugar\; de\; Q^n,\, Q^{n-1},\, \ldots,\, Q^{n-p},\, \ldots,\, 1,$$

respectivamente, então obteremos precisamente a parte da direita da igualdade (1). *Por isto, podemos escrever a igualdade* (1) *simbolicamente na forma*

$$P^n = (Q+1)^n. \qquad (2)$$

Mas, a todo momento, é necessário lembrar que P^n, Q^n, Q^{n-1}, $\cdots$, Q^{n-p}, ... *denotam dada mais do que* P_n, Q_n, Q_{n-1}, $\cdots$, Q_{n-p}. *Existe uma teoria completa dedicada às igualdades simbólicas, justamente o chamado* ***Cálculo Simbólico****. Usando os métodos do Cálculo Simbólico, podemos mostrar que se temos a igualdade* (2), *então deve satisfazer a igualdade simbólica*

$$(P+x)^n = (Q+x+1)^n,$$

com x^n, x^{n-1}, ... *sendo potências de* x. *Fazendo* $x=-1$, *obtemos*

$$(P-1)^n = Q^n,$$

ou reescrevendo em ordem inversa e desenvolvendo o binômio $(P-1)^n$, *temos*

$$Q^n = P^n - C_n^1 P^{n-1} + C_n^2 P^{n-1} - C_n^3 P^{n-2} + \ldots + (-1)^n, \qquad (3)$$

isto é, já resolvemos o problema de Euler. No entanto, a igualdade (3) *pode ser simplificada.*
É fáci ver que

$$P_n - C_n^1 P_{n-1} = n! - n(n-1)! = n! - n! = 0$$

$$C_n^2 P_{n-2} = \frac{n(n-1)}{2!}(n-2)! = \frac{n!}{2}$$

$$C_n^3 P_{n-3} = \frac{n(n-1)(n-2)}{3!} = \frac{n!}{3!}$$

$$\cdots\cdots\cdots\cdots\cdots\cdots\cdots\cdots$$

e em geral

$$C_n^k P_{n-k} = \frac{n(n-1)(n-2)\ldots(n-k+1)}{k}(n-k)! = \frac{n!}{k!}$$

de onde concluímos que

$$Q_n = \frac{n!}{2!} - \frac{n!}{3!} + \frac{n!}{4!} - \ldots + (-1)^n n!$$

ou

$$Q_n = n!\left(\frac{1}{2!} - \frac{1}{3!} + \frac{1}{4!} - \ldots + \frac{(-1)^n}{n!}\right),$$

isto é, obtivemos uma fórmula bem conhecida, a fórmula (7) *do capítulo 1.*

6.2 Solução de Euler das Damas no tabuleiro 8 por 8

No primeiro capítulo, indicamos que, para o tabuleiro com 64 *casas, foi encontrado* 92 *soluções com* 8 *damas. Resulta que, de* 12 *soluções, podem ser obtidas todas as outras, com a ajuda de reflexões de colunas e girando o tabuleiro de ângulos de* 90°, 180° *e* 270° *no sentido horário.*
Aqui estão as soluções (veja também a Figura 14A):

I–(1, 5, 8, 6, 3, 7, 2,4). ***II***–(1, 6, 8, 3, 7, 4, 2, 5). ***III***–(2, 4, 6, 8, 3, 1, 7, 5).

IV–(2, 5, 7, 1, 3, 8, 6, 4). ***V***–(2, 5, 7, 4, 1, 8,6, 3). ***VI***–(2, 6, 1, 7, 4, 8, 3, 5).

VII–(2, 6, 8, 3, 1, 4, 7, 5). ***VIII***–(2, 7, 3, 6, 8, 5, 1, 4). ***IX***–(2, 7, 5, 8, 1, 4, 6, 3).

X–(3, 5, 2, 8, 1, 7, 4, 6). ***XI***–(3, 5, 8, 4, 1, 7, 2, 6). ***XII***–(3, 6, 8, 1, 5, 7, 2, 4).

O leitor já sabe que a reflexão (espelho) da coluna se reduz a simples escrita dos algarismos em ordem contrária. É fácl também mostrar que as rotações do tabuleiro de ângulos de 90°, 180° *e* 270° *se reduzem a simples operações aritméticas sobre as coordenadas das casas.*
Suponhamos que nossas 8 *damas ocupam as seguintes casas:*

$$(1, a_1),\ (2, a_2),\ (3, a_3),\ \cdots,\ (8, a_8) \qquad (4)$$

Girando o tabuleiro em um ângulo de 90° *no sentido horário, então a casa* (k, a_k) *ocupará a posição da casa* $a_k, 9-k)$, *e por isto, depois de tal giro a sequência de casas de* (4) *se transformará em:*

$$(a_1, 8),\ (a_2, 7),\ (a_3, 6),\ \ldots,\ (a_8, 1) \qquad (5)$$

Girando ainda o tabuleiro de um ângulo de 90° *no mesmo sentido, obteremos:*

$$(8, 9-a_1),\ (7, 9-a_2),\ (6, a_3),\ \ldots,\ (1, 9-a_8),$$

ou escrevendo em ordem crescente das abcissas:

$$(1, 9-a_8),\ (2, 9-a_7),\ (3, 9-a_6),\ \ldots,\ (8, 9-a_1) \qquad (6)$$

Finalmente, giramos o tabuleiro novamente de um ângulo de 90° *no sentido horário, obtendo:*

$$(9-a_8, 8),\ (9-a_7, 7),\ (9-a_6, 6),\ \ldots,\ (9-a_1, 1). \qquad (7)$$

Desta forma, mostramos que rotações do tabuleiro em 90°, 180° *e* 180° *reduzem-se respectivamente a operações aritméticas* (5), (6) *e* (7) *sobre as coordenadas das casas, que serão ocupadas pelas damas. Simples é a situação do caso da rotação de* 180°, *justamente neste caso pode-se deduzir a seguinte regra:*
Se o tabuleiro gira um ângulo de 180° *no sentido horário, então as* 8 *damas*

$$(a_1,\ a_2,\ a_3,\ a_4,\ a_5,\ a_6,\ a_7,\ a_8) \qquad (8)$$

tomarão as posições

$$(9-a_8, 8),\ (9-a_7, 7),\ (9-a_6, 6),\ \ldots,\ (9-a_1, 1). \qquad (9)$$

Desta regra, segue uma propriedade interessante de solução simétrica. Resulta que: a solução (8) *é simétrica se, e somente se, a soma dos algarismos da sequência* (8) *são equidistantes da origem e final constantemente igual a* 9.
Mostraremos a seguir esta propriedade.
Se (8) *é simétrica, então isto significa que* (8) *e* (9) *devem coincidir, isto é, temos:*

$$a_1 = 9 - a_8 \Leftarrow a_1 + a_8 = 9;$$

$$a_2 = 9 - a_7 \Leftarrow a_2 + a_7 = 9;$$

$$a_3 = 9 - a_6 \Leftarrow a_3 + a_6 = 9;$$

$$a_4 = 9 - a_5 \Leftarrow a_4 + a_5 = 9.$$

Inversamente, se a soma dos algarismos é equidistante dos finais, (8) *constantemente igual a* (9), *então* (8) *e* (9) *coincidem e, po isto, a solução* (8) *na rotação de um ângulo de* $180°$ *não muda, ou seja, é simétrica.*
Com base nesta propriedade, é fácil detectar que entre as 12 *soluções somente uma,* X, *é simétrica. Análises futuras mostram que no tabuleiro comum estão ausentes as soluções simétricas duplas. Desta forma, obtemos ao todo* 11 *soluções simples simétricas donde temos realmente:* $11 \cdot 8 + 1 \cdot 4 = 88 + 4 = 92$ *soluções. Mostremos, com a ajuda das operações* (5), (6) *e* (7), *e reflexão de colunas, como podemos obter de uma as demais soluções.*
Por exemplo, tomemos a disposição I, *isto é:*

$$\boldsymbol{I}(1,\ 5,\ 8,\ 6,\ 3,\ 7,\ 2,\ 4)$$

Esta solução é mais cômoda para trabalhar se as reescrevemos em termos de coordenadas:

$$(1,1),\ (2,5),\ (3,8),\ (4,6),\ (5,3),\ (6,7),\ (7,2),\ (8,4)$$

Giremos o tabuleiro de um ângulo de $90°$ *no sentido horário, obtemos, de acordo com* (5), *o seguinte:*

$$(1,8),\ (5,7),\ (8,6),\ (6,5),\ (3,4),\ (7,3),\ (2,2),\ (4,1),$$

ou reescrevendo em ordem crescente das abscissas:

$$(1,8),\ (2,2),\ (3,4),\ (4,1),\ (5,7),\ (6,5),\ (7,3),\ (8,6),$$

isto é, depois da rotação de um ângulo de $90°$, *obtemos:*

$$(8,\ 2,\ 4,\ 1,\ 7,\ 5,\ 3,\ 6).$$

Girando o tabuleiro em $180°$, *automaticamente, obtemos, com base na regra* (9), *o seguinte:*

$$(9-4,\ 9-2,\ 9-7,\ 9-3,\ 9-6,\ 9-8,\ 9-5,\ 9-1),$$

ou finalmente

$$(5,\ 7,\ 2,\ 6,\ 3,\ 1,\ 4,\ 8).$$

Finalmente, a rotação de 270° *no sentido horário nos dá, de acordo com* (7), *o seguinte:*

$$(9-4,8),\ (9-2,7),\ (9-3,5),\ (9-6,4),\ (9-3,3),\ (9-5,2),\ (9-1,1),$$

que é o mesmo que

$$(5,8),\ (7,7),\ (2,6),\ (6,5),\ (3,4),\ (1,3),\ (1,3),\ (4,2),\ (8,1).$$

Distribuindo esta sequência em ordem crescente das abscissas, obtemos:

$$(1,3),\ (2,6),\ (3,4),\ (4,2),\ (5,8),\ (6,5),\ (7,7),\ (8,1).$$

Isto é, em outra forma:

$$(3,\ 6,\ 4,\ 2,\ 8,\ 5,\ 7,\ 1).$$

Desta forma, nas rotações de ângulos de $90°$, $180°$ *e* $270°$, *obtemos da solução* I, *obtemos, respectivamente,* 3 *novas soluções:*

$$I_a\ (8,\ 2,\ 4,\ 1,\ 7,\ 5,\ 3,\ 6);$$
$$I_b\ (5,\ 7,\ 2,\ 6,\ 3,\ 1,\ 4,\ 8);$$
$$I_c\ (3,\ 6,\ 4,\ 2,\ 8,\ 5,\ 7,\ 1).$$

As demais soluções determinam-se com a ajuda de reflexões das colunas. Para isto, como já sabemos, é necessário reescrever os algarismos das soluções I, I_a, I_b, I_c *em ordem contrária. Após tais operações, é fácil obter:*

$$I_d\ (4,\ 2,\ 7,\ 3,\ 6,\ 8,\ 5,\ 1);$$
$$I_e\ (6,\ 3,\ 5,\ 7,\ 1,\ 4,\ 2,\ 8);$$
$$I_f\ (8,\ 4,\ 1,\ 3,\ 6,\ 2,\ 7,\ 5);$$
$$I_g\ (1,\ 7,\ 5,\ 8,\ 2,\ 4,\ 6,\ 3).$$

6.3 Movimento da Torre com Somas e Produtos Infinitos

Com ajuda da fórmula (6) *do parágrafo* 6 *pode-se determinar o número de formas de movimentação da torre, da primeira até a casa* $(m+1)$, *apesar de ser muito complicado. Por isto, seguimos a análise de Bugaev*[1], *matemático russo do século XIX, Ele encontrou a seguinte fórmula:*

$$N(m) = N(m-1) + N(m-2) - N(m-5) - N(m-7) + \ldots - A(s)N(m-s) + \ldots\ldots,$$

onde $A(s)$ *transforma-se em* $(-1)^k$ *para todo inteiro que satisfaz a equação*

$$s = \frac{3k \pm k}{2},$$

e em zero para todos os outros números.
O grande matemático Euler foi o primeiro a mostrar o importante papel que desempenha na Teoria dos Números as relações das somas infinitas e produtos infinitos. A questão da solução equação $a_1x_1 + a_2x_2 + \ldots + a_nx_n = m$ *e em particular a equação* (5) *do parágrafo* 6, *capítulo III, em números inteiros ele reduz a análise do produto*

$$\frac{1}{(1-t^{a_1})(1-t^{a_2})\ldots(1-t^{a_n})}$$

através de seu desenvolvimento em séries de potências de t.
A teoria de Euler de partição de números em m *termos até agora não pode ser considerada totalmente concluída, apesar de que no século XIX muitos*

[1] Nikolai Vasilievich Bugaev (1837 – 1903). Ele foi um importante matemático russo. Seu pai era um médico do exército do império russo. Com a idade de dez anos o jovem Nikolai foi enviado à Moscou para completar sua educação, graduando-se em matemática e física em 1859, pela Universidade de Moscou. Ele passou a estudar engenharia, mas, em 1863, escreveu uma tese de mestrado sobre a convergência de séries infinitas. Pela alta qualidade deste seu trabalho, foi estudar com Karl Weierstrass e Ernst Kummer, em Berlim. Ele também passou algum tempo em Paris estudando com Joseph Liouville. Obteve seu doutorado em 1866 e voltou para Moscou, onde ensinou durante o resto de sua carreira. Bugaev foi membro ativo da Sociedade de Matemática de Moscou, tendo sido Presidente da mesma de 1891 a 1903. Nikolai Bugaev foi também um talentoso jogador de xadrez. Alguns de seus jogos estão disponíveis no site sobre xadrez: http://www.algonet.se/ marek/orangutan-people.htm

matemáticos estudaram este assunto, como Cayley[2]*, Sylvester*[3]*, MacMahon*[4] *e outros.*

Voltemos à dedução da fórmula 10. *Para nossos objetivos é importante a seguinte relação:*

$$\prod_{k=1}^{\infty}(1-x^k) = 1+\sum_{p=1}^{\infty}A(p)x^p, \qquad (11)$$

encontrada por Euler em 1741, *onde os coeficientes* $A(p)$ *possuem valores indicados acima.*

Da igualdade (11), *obtemos*

$$\frac{1}{\prod_{k=1}^{\infty}(1-x^k)} = \frac{1}{\sum_{p=1}^{\infty}A(p)x^p}.$$

Analisando a parte esquerda desta igualdade, notamos que

$$\frac{1}{1-x^k} = 1+x^k+x^{2k}+\ldots,$$

de onde obtemos:

$$\frac{1}{\prod_{k=1}^{\infty}(1-x^k)} = \prod_{k=1}^{\infty}(1+x^k+x^{2k}+\ldots).$$

O último produto é igual a soma infinita

$$1+\sum_{k=1}^{\infty}N(k)x^k$$

onde $N(k)$ *expressa o número de soluções da equação:*

$$1\cdot x_1+2\cdot x_2+3\cdot x_3+\ldots+k\cdot x_k = k \qquad (12)$$

---

[2]Arthur Cayley (1821 – 1895), matemático britânico, na infância morou com seus pais em São Petersburgo, na Rússia. Foi professor da Universidade de Cambridge, de 1863 a 1895. Em 1883 foi Presidente da British Association for the Advancement of Science (hoje denominada The British Science Association (BSA)). As suas contribuições incluem a multiplicação de matrizes e o teorema de Cayley.

[3]James Joseph Sylvester (1814 – 1897) matemático inglês. Contribuiu fundamentalmente no desenvolvimento da teoria matricial, teoria dos invariantes, teoria dos números e análise combinatória.

[4]Percy Alexander MacMahon (1854 – 1929), matemático inglês. Contribuiu fundamentalmente no estudo das partições de números e combinatória enumerativa.

nos números inteiros não negativos. Por isto, pondo $N(0) = 1$, *temos que*

$$\frac{1}{\sum_{p=0}^{\infty} A(p)x^p} = \sum_{p=0}^{\infty} N(px)^p$$

ou

$$1 = \Big(\sum_{p=0}^{\infty} A(p)x^p\Big).\Big(\sum_{p=0}^{\infty} N(px)^p\Big).$$

Após efetuar a multiplicação destas duas somas infinitas, obtem-se:

$$1 = \sum_{t=0}^{\infty} B_m x^m, \qquad (13)$$

com

$$B_0 = 1;\ B_m = \sum_{s=0}^{m} A(s)N(m-s);\ (m \neq 0).$$

Mas, a igualdade (13) *só é possível quando todos os coeficientes* B_m *são iguais a zero, exceto o coeficiente* B_0. *Por isto, vamos ter*

$$\sum_{s=0}^{m} A(s)N(m-s) = 0$$

ou na forma desenvolvida

$$N(m) = N(m-1)+N(m-2)-N(m-5)-N(m-7)+\ldots-A(s)N(m-s)+\ldots \qquad (10)$$

Os termos da parte direita de (10) *são necessários continuar até que* $(m-s)$ *não seja menor do que zero.*

Com a ajuda da fórmula (10) *é fácil calcular o valor de* $N(m)$. *Por exemplo, para* $N(5)$ *obtemos*

$$N(5) = N(4) + N(3) - N(0) = N(4) + N(3) - 1$$

Para determinar $N(5)$ *é necessário encontrar os valores* $N(4)$ *e* $N(3)$. *De acordo com* (10), *temos*

$$N(4) = N(3) + N(2),$$

$$N(3) = N(2) + N(0) = N(2) + 1,$$

$$N(2) = N(1) + N(0) = N(1) + 1,$$

$$N(1) = N(0) = 1,$$

o que implica

$$N(2) = 2, \ N(3) = 3, \ N(4) = 5 \quad e \quad N(5) = 5 + 3 - 1 = 7.$$

Desta forma a equação

$$x_1 + 2 \cdot x_2 + 3 \cdot x_3 + 4 \cdot x_4 + 5 \cdot x_5 = 5$$

admite um total de 7 *soluções inteiras não negativas e, isto significa que existe somente* 7 *maneiras de movimentação da torre desde a primeira casa até a sexta casa. Realmente, resolvendo a equação, obtemos os tais tipos de movimentação:*

$$1_5, \ 1_1 1_4, \ 1_2 1_3, \ 2_1 1_3, \ 1_1 2_2, \ 3_1 1_2, \ 5_1.$$

Além da fórmula (10), *podemos deduzir mais uma fórmula interessante, que expressa* $N(m)$ *em função de* N. *Justamente tem lugar a seguinte relação interessante:*

$$mN(m) = N(m-1)\delta(1) + N(m-2)\delta(2) + \ldots + N(1)\delta(m-1) + \delta(m).$$

onde $\delta(k)$ *denota a soma de todos os divisores de* k, *incluindo* 1 *e o próprio* k. *Se é conhecida a fatorização de* k *nos primeiros divisores primos, então* $\delta(k)$ *de maneira muito simples. Como se sabe, todos os números inteiros dividem-se em dois tipos: primos e compostos. Lembrando, números primos são os inteiros maiores do que* 1 *que são divisíveis somente por* ± 1 *e por ele próprio. Se um número inteiro é divisível por outro maior do que* 1 *e menor do que ele próprio, então se chama de composto. Assim,* 2, 3, 5, 7, 11,... *são números primos. O número* 15 *é composto, pois* 3 *e* 5 *são divisores de* 15. *Todo número composto* k *pode ser escrito como produto de números primos de forma única:*

$$k = p_1^{a_1} \cdot p_2^{a_2} \cdots p_n^{a_n},$$

onde $p_1, p_2, \ldots, p_n$ *são números primos, com* $p_1 < p_2 < \ldots < p_n$ *e* $a_1, a_2, \ldots, a_n$ *são números inteiros positivos. Todos os divisores de* k *são da forma*

$$p_1^{b_1} \cdot p_2^{b_2} \cdot \cdots \cdot p_n^{b_n},$$

onde

$$0 \le b_1 \le a_1, \ 0 \le b_2 \le a_2, \ \ldots, 0 \le b_n \le a_n.$$

Portanto, o produto

$$(p_1^0 + p_1^1 + p_1^2 + \ldots + p_1^{a_1}) \cdot (p_2^0 + p_2^1 + p_2^2 + \ldots + p_2^{a_2}) \ldots .$$

$$\ldots (p_n^0 + p_n^1 + p_n^2 + \ldots + p_n^{a_n})$$

é precisamente a soma de todos os divisores, $\delta(k)$, do número k. Mas, em cada parêntese encontram-se os termos de uma progressão geométrica, sendo a soma de seus termos dada por

$$\delta(k) = \frac{p_1^{a_1+1}}{p_1 - 1} \cdot \frac{p_2^{a_2+1}}{p_2 - 1} \cdots \frac{p_n^{a_n+1}}{p_n - 1}.$$

Agora, conhecendo a expressão de $\delta(k)$ já não é mais difícil determinar o valor de $N(m)$, sabendo que são conhecidos os valores dos $N(k)$, com $k < m$. Por exemplo, tomemos $N(6)$ e calculemos pela fórmula (13) *o valor*

$$6N(6) = N(5) \cdot \delta(1) + N(4) \cdot \delta(2) + N(3) \cdot \delta(3) + N(2) \cdot \delta(4) + N(1) \cdot \delta(5) + \delta(6).$$

Mas, temos $\delta(1) = 1$ e pela fórmula (14), *temos:*

$$\delta(2) = \frac{2^2 - 1}{2 - 1} = 3; \quad \delta(3) = \frac{3^2 - 1}{3 - 1} = 4; \quad \delta(4) = \frac{2^3 - 1}{2 - 1} = 7;$$

$$\delta(5) = \frac{5^2 - 1}{5 - 1} = 6; \quad \delta(6) = \frac{2^2 - 1}{2 - 1} \cdot \frac{3^2 - 1}{3 - 1} = 12.$$

Agora, usando a fórmula (13), *calculemos N:*

$$N(1) = 1,\ N(2) = 2,\ N(3) = 3,\ N(4) = 5,\ N(5) = 7.$$

Por isto, temos

$$6N(6) = 7 \cdot 1 + 5 \cdot 3 + 3 \cdot 4 + 2 \cdot 7 + 1 \cdot 6 + 12 = 66;$$

o que implica

$$N(6) = \frac{66}{6} = 11.$$

A seguir, vamos provar a fórmula (13).
Tomemos a derivada das duas partes da igualdade:

$$\ln\left(\frac{1}{\prod_{k=1}^{\infty}(1 - x^k)}\right) = \ln\left(\sum_{p=0}^{\infty} N(p) x^p\right)$$

Obtemos

$$\frac{1}{1-x}+\frac{2x}{1-x^2}+\frac{3x^2}{1-x^3}+\ldots+\frac{kx^{k-1}}{1-x^k}+\ldots=\frac{\sum_{p=1}^{\infty} pN(p)x^{p-1}}{\sum_{p=0}^{\infty} N(p)x^p},$$

ou multiplicando ambos os lados por x, *temos:*

$$\frac{x}{1-x}+\frac{2x^2}{1-x^2}+\frac{3x^3}{1-x^3}+\cdots+\frac{kx^k}{1-x^k}+\ldots=\frac{\sum_{p=1}^{\infty} pN(p)x^{p}}{\sum_{p=0}^{\infty} N(p)x^p}.$$

Mas, temos as seguintes igualdades:

$$\frac{x}{1-x}=x+x^2+x^3+x^4+x^5+x^6+\ldots$$

$$\frac{2x^2}{1-x^2}=2x^2+2x^4+2x^6+\ldots$$

$$\frac{3x^3}{1-x^3}=3x^3+3x^6+\ldots$$

....

Somando membro a membro as igualdades acima e juntando os termos semelhantes, obtemos:

$$\frac{x}{1-x}+\frac{2x^2}{1-x^2}+\frac{3x^3}{1-x^3}+\ldots=x+(1+2)x^2+(1+3)x^3+\ldots+(k_1+k_2+\ldots+k_s)x^k+\ldots,$$

onde k_1, $k_2,\ldots,k_s$ *são todos os possíveis divisores de* k. *Por isto, temos*

$$\delta(1)x+\delta(2)x^2+\delta(3)x^3+\ldots+\delta(k)x^k+\ldots=\frac{\sum_{p=1}^{\infty} pN(p)x^{p}}{\sum_{p=0}^{\infty} N(p)x^p}.$$

Se agora multiplicamos ambos os lados da igualdade acima por

$$\sum_{p=0}^{\infty} N(p)x^p$$

e comparamos os coeficientes das mesmas potências de x, *obtemos então precisamente a fórmula* (13), *como queríamos.*

Nulo

Capítulo 7

Noções Básicas do Jogo de Xadrez

7.1 Introdução

O Xadrez é um jogo recreativo disputado por dois jogadores. No desenvolvimento do jogo, os dois oponentes se alternam nos movimentos. O Xadrez é jogado num tabuleiro 8×8, *com* 64 *casas (quadrados* 1×1*). As casas são pintadas alternadamente com cores distintas, por exemplo: branco e preto. Assim, existem* 32 *casas brancas e* 32 *casas pretas. O tabuleiro tem de estar disposto entre os dois jogadores de modo que* ***a casa do canto inferior direito de cada jogador seja branca****, veja Figura 8.1 a seguir. Para poder ler livros de xadrez, é importante conhecer a notação que define as posições de cada peça, o que permite entender as anotações dos movimentos que se fazem ao longo de uma partida. Na notação do xadrez, normalmente, as colunas do tabuleiro são identificadas, da esquerda para a direita, pelas letras* a, b, c, d, e, f, g, h *e as linhas são identificadas, de baixo para cima, pelos números* 1, 2, 3, 4, 5, 6, 7, 8. *Dessa maneira, cada casa do tabuleiro de xadrez fica perfeitamente identificada por uma letra, que corresponde a coluna onde ela se encontra, e um número, que determina a linha a que ela pertence.*
Assim, a primeira coluna está composta pelas casas $a1$, $a2$, $a3$, $a4$, $a5$, $a6$, $a7$, $a8$; *a segunda coluna está composta pelas casas* $b1$, $b2$, $b3$, $b4$, $b5$, $b6$, $b7$, $b8$; $\cdots\cdots$; *a oitava coluna está composta das casas* $h1$, $h2$, $h3$, $h4$, $h5$, $h6$, $h7$, $h8$, *veja Figura 8.2 a seguir. Para se jogar xadrez, existem dois conjuntos de peças: as brancas (com* 16 *peças) e as pretas (com* 16 *peças). No jogo, um dos joga-*

Figura 7.1: Tabuleiro de xadrez 8 por 8

8	$a8$	$b8$	$c8$	$d8$	$e8$	$f8$	$g8$	$h8$
7	$a7$	$b7$	$c7$	$d7$	$e7$	$f7$	$g7$	$ah7$
6	$a6$	$b6$	$c6$	$d6$	$e6$	$f6$	$g6$	$h6$
5	$a5$	$b5$	$c5$	$d5$	$e5$	$f5$	$g5$	$h5$
4	$a4$	$b4$	$c4$	$d4$	$e4$	$f4$	$g4$	$h4$
3	$a3$	$b3$	$c3$	$d3$	$e3$	$f3$	$g3$	$h3$
2	$a2$	$b2$	$c2$	$d2$	$e2$	$f2$	$g2$	$h2$
1	$a1$	$b1$	$c1$	$d1$	$e1$	$f1$	$g1$	$h1$
	a	b	c	d	e	f	g	h

Figura 7.2: Nomenclatura das casas do tabuleiro

*dores movimenta as **peças brancas** e o oponente as **peças pretas**. O jogador com as peças brancas inicia o jogo.*

Em cada um dos conjuntos de peças (brancas e pretas) existem:

8 ***peões*** *(símbolo: ♙),*
2 ***torres*** *(símbolo: ♖),*
2 ***cavalos*** *(símbolo: ♘),*
2 *bispos (símbolo: ♗),*
1 ***rei*** *(símbolo: ♔) e*
1 ***rainha (dama)*** *(símbolo: ♕).*
No início do jogo as ***peças brancas*** *são distribuídas nas casas do tabuleiro como segue:*
De maneira análoga, no início do jogo as ***peças pretas*** *são distribuídas nas*

Peça Branca	**Símbolo**	**Casa**
Rei	♔	$e1$
Rainha (Dama)	♕	d1
Torre	♖	$a1$ e $h1$
Bispo	♗	$c1$ e $f1$
Cavalo	♘	$b1$ e $g1$
Peão	♙	$a2, b2, c2, \cdots, h2$

Tabela 7.1: Posições iniciais das peças brancas

casas do tabuleiro como segue:

Veja, na Fig 8.3 a distribuição das peças no tabuleiro no início do jogo. Convém observar que, as colunas do tabuleiro nomeadas por "d" e "e" são chamadas ***colunas centrais****, de modo que o quadrado formado pelas casas $d4$, $d5$, $e5$, $e4$ constituem o* ***centro do tabuleiro****. Olhando a partir das peças brancas nas posições do início do jogo, a ala esquerda (formada pelas colunas a, b, c, d) é chamada a* ***ala da rainha*** *e a ala direita (formada pelas colunas e, f, g, h) é chamada a* ***ala do rei****. De modo análogo, para as peças pretas, a ala direita é a ala da rainha e a ala esquerda é a ala do rei.*
É comum o principiante confundir a posição do rei e da rainha no início do jogo. Para evitar confusão, basta lembrar que, no início do jogo, o rei branco fica numa casa preta e o rei preto fica numa casa branca, consequentemente as respectivas rainhas ficam em casas da mesma cor que elas.

Peça Preta	Símbolo	Casa
Rei	♚	$e8$
Rainha (Dama)	♛	d8
Torre	♜	$a8$ e $h8$
Bispo	♝	$c8$ e $f8$
Cavalo	♞	$b8$ e $g8$
Peão	♟	$a7, b7, c7, \cdots, h7$

Tabela 7.2: Posições iniciais das peças pretas

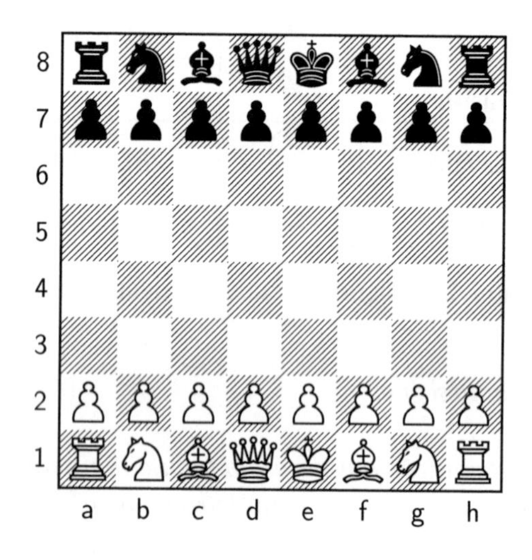

Figura 7.3: Tabuleiro no início do jogo

7.2 O Movimento das Peças no Xadrez

7.2.1 O Rei

*O **rei** é a peça mais importante do jogo de xadrez. O objetivo do jogo de xadrez é atacar o rei de modo que não haja possibilidade de ele escapar, o que* *determina a vitória do jogador que atacou. O movimento do rei se dá de uma casa para outra casa adjacente a que ele se encontra. Por exemplo, se o rei está na casa* e4, *em um movimento, ele possui* 8 *alternativas para se deslocar:* d3, d4, d5, e3, e5, f3, f4, f5 *são as casas para onde ele poderia se movimentar. Se o rei encontra-se no canto do tabuleiro, por exemplo, na casa* a1, *ele pode se movimentar para uma das casas:* a2, b2, b1. *Se o rei encontra-se numa casa do bordo, por exemplo, na casa* b8, *ele pode movimentar-se para uma das casas:* a8, a7, b7, c7, c8, *veja Figura 8.4 a seguir.*

O rei ainda pode realizar um movimento chamado ***roque****, que corresponde*

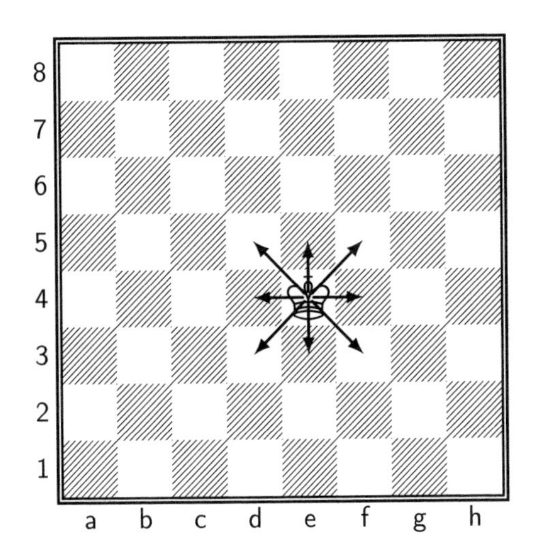

Figura 7.4: Movimentos permitidos do Rei

ao movimento de duas peças simultâneas: o rei e a torre (ao longo da linha 1, *para as peças brancas e ao longo da linha* 8 *para as peças pretas). Neste movimento, o rei e a torre trocam de posição. Este movimento só é possível se a torre e o rei não tiverem efetuado qualquer movimento até aquele momento, e as casas entre o rei e a torre estejam vazias.*

7.2.2 A Rainha (ou Dama)

A ***rainha****, pelas múltiplas possibilidades de movimento no tabuleiro, é a peça mais forte do jogo de xadrez. A partir de uma determinada casa, pode* *realizar movimentos horizontais, verticais e diagonais, em qualquer quantidade de casas (de* 1 *a* 7*), desde que as casas do caminho estejam livres, veja Figura 8.5, a seguir.*

Observe que, da casa e5 *a rainha pode ir para* 27 *casas (desde que o caminho esteja livre) e quanto mais próxima a rainha esteja do bordo do tabuleiro menos casas ela pode atingir. Se a rainha estiver em uma casa localizada em um dos cantos do tabuleiro, ela pode se movimentar para* 21 *casas distintas.*

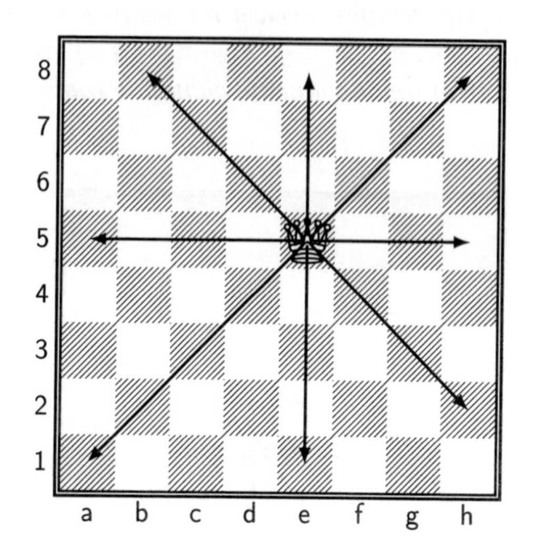

Figura 7.5: Movimentos permitidos para a Rainha

7.2.3 A Torre

A ***torre*** *é a peça que só faz movimentos retilíneos: horizontais ou verticais. Se o tabuleiro estiver livre, uma torre, localizada em qualquer casa do tabuleiro, pode ocupar* 14 *casas distintas e independentemente da posição que ela esteja ocupando, veja Figura 8.6 a seguir.*

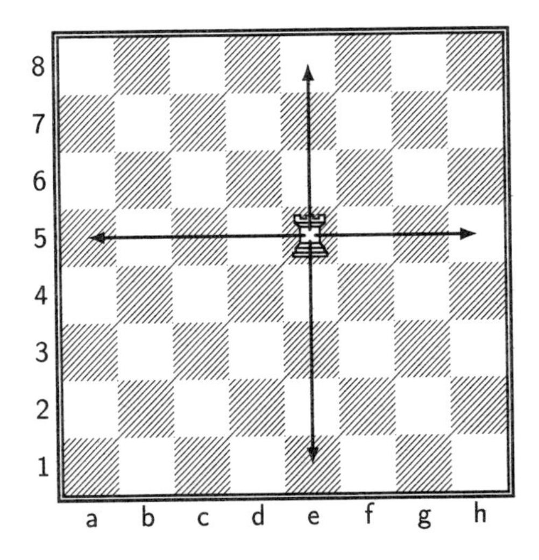

Figura 7.6: Movimentos Horizontais e Verticais da Torre

7.2.4 O Bispo

*O **bispo** se movimenta diagonalmente no tabuleiro e pode fazer um caminho com qualquer número de casas (de* 1 *a* 7*), desde que as casas estejam desocupadas. Quanto mais próximo esteja o bispo do bordo do tabuleiro, menos casas ele pode atingir Cada conjunto de peças (brancas ou pretas) possui dois bispos, sendo que um deles se movimenta somente nas casas brancas do tabuleiro e o outro somente nas casas pretas. O bispo que se movimenta sempre nas casas brancas é comumente chamado de **bispo das casas brancas**. Do mesmo modo, o bispo que se movimenta somente nas casas pretas é chamado de **bispo das casas pretas**. Independente da cor da peça (branca ou preta), veja na Figura 7.7 a seguir, o movimento do bispo.*

7.2.5 O Cavalo

*O **cavalo** é a peça mais "ágil"do tabuleiro. Se movimenta em forma de L: uma casa sobre a linha ou coluna em que se encontra e mais duas casas na linha ou coluna perpendicular. Isto é, o cavalo se movimenta de um canto para o canto oposto de um retângulo* 2×3 *ou* 3×2*). Por exemplo, se o*

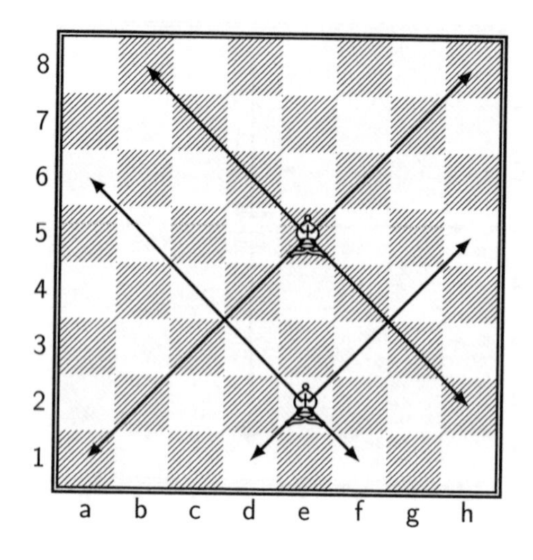

Figura 7.7: Movimentos diagonais dos dois Bispos

cavalo está na casa e3, *em um movimento, existem* 8 *possíveis casas para ele ocupar, veja Figura 8.8 a seguir.*

O movimento do cavalo tem particularidades: vai de uma casa de uma cor para outra de cor oposta, além da importante propriedade de saltar sobre outras peças, isto é, o cavalo se movimenta no espaço.

7.2.6 O Peão

A partir de sua casa inicial, o **peão** *pode avançar uma ou duas casas. De qualquer outra casa, o peão só pode avançar uma casa. O peão é uma peça que só se movimenta verticalmente mas só captura outra peça diagonalmente. Quando o peão alcança o bordo superior do tabuleiro (que, na nossa notação para o tabuleiro, corresponde para as peças brancas a oitava linha e para as peças pretas a primeira linha) ele se transforma, de acordo com a opção do jogador, em uma rainha ou torre, ou cavalo ou bispo, mas não pode se transformar num rei.*

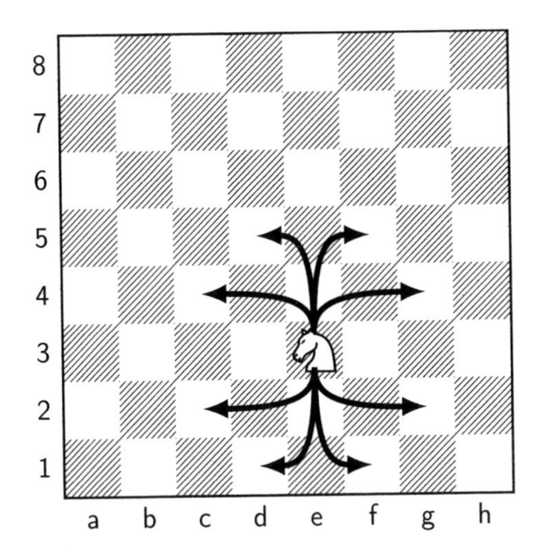

Figura 7.8: Movimentos do Cavalo

7.2.7 O Xeque-Mate

O ataque ao rei inimigo por parte de uma peça se chama ***xeque*** *e o adversário é obrigado a se defender na sua primeira jogada após isso. O jogador opositor pode eliminar o xeque de três maneiras:*

1. *movimentando o rei;*
2. *capturando a peça que está ameaçando o rei;*
3. *movimentando uma peça entre o rei e a peça que o está ameaçando.*

Se o jogador não pode realizar nenhum dos procedimentos descritos anteriormente, então se diz que o rei está em ***xeque-mate****, e quem está atacando vence a partida.*

É oportuno observar que poucas partidas chegam ao final com o rei em xeque-mate, pois o jogador constatando que o xeque-mate é inevitável, abandona a partida.

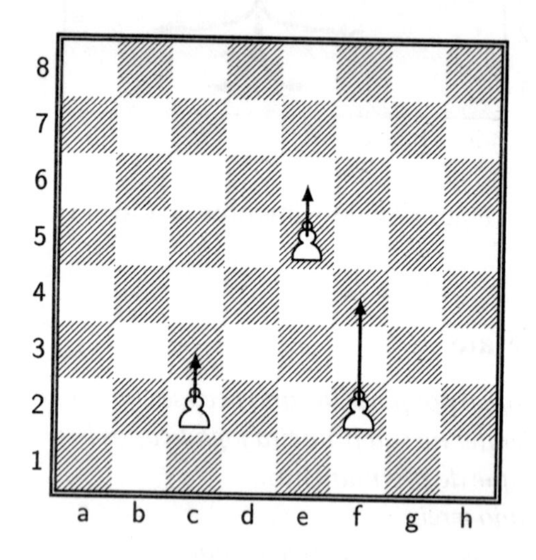

Figura 7.9: Movimentos do Peão

Capítulo 8

Problemas

Problema 8.1. - *Num tabuleiro* 8×8, *com as casas pintadas alternadamente de preto e branco, um movimento permitido é trocar de posição quaisquer duas linhas ou colunas. Aplicando uma sequência de tais movimentos, é possível obter um tabuleiro onde a metade à esquerda seja totalmente formada por casas pretas e a metade à direita seja formada inteiramente por casas brancas?*

Problema 8.2. - *Decida se é possível escrever os números inteiros* $1, 2, 3, \cdots, 121$, *um em cada casa de um tabuleiro* 11×11, *de tal forma que se dois números são consecutivos, as casas que eles ocupam têm um lado em comum e, além disso, os quadrados perfeitos estejam todos dispostos numa mesma coluna.*

Problema 8.3. - *Num tabuleiro* 5×5, *dois jogadores disputam um jogo, em que jogam alternadamente. Uma jogada consiste em escrever um número por vez numa casa vazia. O primeiro jogador sempre escreve o número* 1, *o segundo jogador o número* 0. *O jogo termina quando todas as casas do tabuleiro forem preenchidas. Para cada subtabuleiro* 3×3, *calcula-se a soma dos nove números nas casas ali escritas. Seja* A *a maior soma encontrada. Qual é o maior valor de* A *que o primeiro jogador pode produzir, independente de como o segundo jogador faça suas jogadas?*

Problema 8.4. - *As casas de um tabuleiro* $n \times n$ *são pintadas de preto e branco, de tal maneira que todo quadrado* 2×2 *contém exatamente* 3 *casas de mesma cor. De quantas maneiras isso pode ser feito?*

Problema 8.5. - *Corta-se um tabuleiro* 7×7 *em figuras dos três tipos mostrados na Figura 8.1, a seguir.*

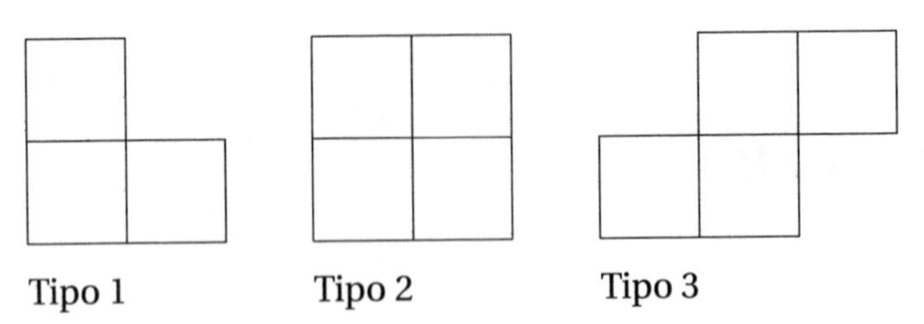

Figura 8.1: Modelos cortados do tabuleiro 7×7

Prove que dentre as figuras cortadas existe exatamente uma contendo quatro quadrados (do tipo 2 *ou do tipo* 3*).*

Problema 8.6. - *Na Figura 8.2, em um tabuleiro* 3×4*, temos seis cavalos, três brancos e três pretos, ocupando a primeira e a quarta linha, respectivamente. Os cavalos se movimentam de acordo com as regras do jogo de xadrez comum.*

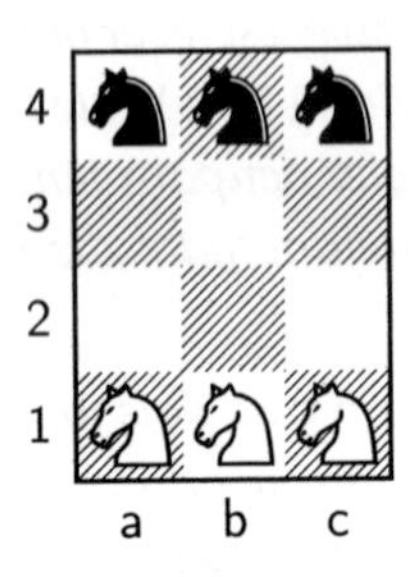

Figura 8.2: problema de Guarini para um tabuleiro 3×4

Encontrar a quantidade mínima de movimentos necessários para que esses cavalos troquem de lugares.

Problema 8.7. - *Os menores tabuleiros de xadrez para os quais o cavalo pode fazer um passeio completo, passando por todas as casas uma única vez, são os de dimensões* 6×5 *e* 10×3*. Encontre um passeio do cavalo para cada um*

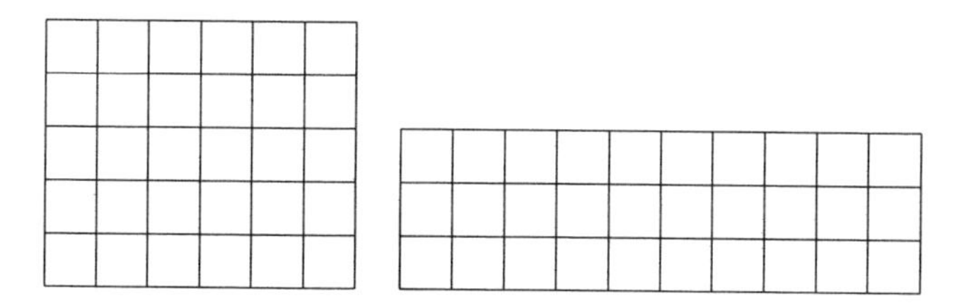

Figura 8.3: Tabuleiros 6×5 e 10×3

desses tabuleiros.

Problema 8.8. - *Pintam-se com* 4 *cores distintas as casas de um tabuleiro* 100×100, *de tal maneira que cada linha e cada coluna do tabuleiro possui* 25 *casas de cada cor. Demonstre que existem duas linhas e duas colunas tais que suas* 4 *interseções estão pintadas com cores distintas.*

Problema 8.9. - *Um movimento num tabuleiro* $m \times n$ *consiste de:*
(i) Escolhendo algumas casas vazias, tais que duas delas não estejam na mesma linha ou na mesma coluna, colocar uma peça branca em cada casa escolhida;
(ii) Colocar uma peça preta em cada casa vazia que possui uma peça branca na sua linha ou na sua coluna.
Qual é a quantidade máxima de pedras brancas que pode aparecer no tabuleiro depois que alguns movimentos forem executados?

Problema 8.10. - *Num hotel os quartos estão dispostos como um tabuleiro* 8×2, *estando cada um deles ocupado por um hóspede. Todos os hóspedes estão se sentindo desconfortáveis em seus aposentos, de modo que cada um deles gostaria de passar para um quarto adjacente, horizontal ou verticalmente. Naturalmente, eles podem fazer a mudança simultaneamente, de tal maneira que cada quarto fique novamente ocupado com um hóspede.*
De quantas maneiras distintas podem ser feitos esses movimentos coletivos?

Problema 8.11. - *Temos um tabuleiro de xadrez* (8×8) *e* 32 *peças de um dominó, cada uma delas com capacidade para ocupar exatamente a região de duas casas adjacentes do tabuleiro. Duas casas são adjacentes se possuem um lado em comum. É fácil ver que, com as* 32 *peças do dominó, é possível*

cobrir perfeitamente a região de todo o tabuleiro. Retiram-se as duas casas dos cantos da diagonal principal, como mostra a Figura 8.4, a seguir.
Diga, justificando, se é possível cobrir o tabuleiro mutilado com 31 *peças do*

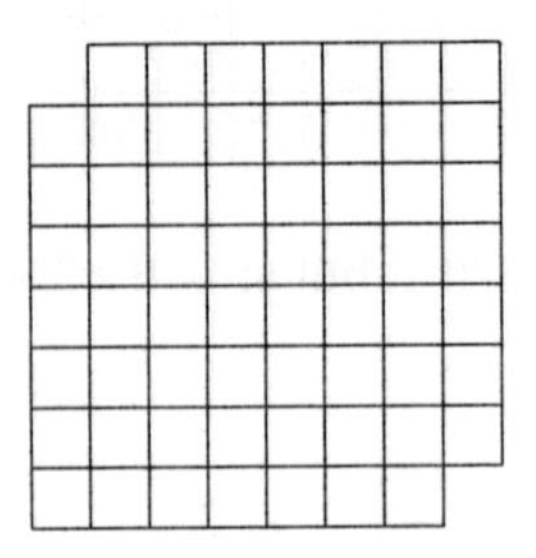

Figura 8.4: Tabuleiro sem duas casas diagonalmente opostas

dominó.

Problema 8.12. - *Num tabuleiro de xadrez comum* 8×8, *removendo-se uma casa preta e uma casa branca em qualquer posição do tabuleiro, é possível cobrir o tabuleiro mutilado restante com* 31 *dominós* 2×1 *(cada peça podendo ser usada horizontal ou verticalmente)?*

Problema 8.13. - *Num tabuleiro de xadrez comum* 8×8, *removem-se três casas de cada cor, de modo que o tabuleiro não fique dividido em duas ou mais partes separadas.*
É possível cobrir a parte restante do tabuleiro com dominós 1×2, *que podem ser usados horizontal ou verticalmente, onde cada peça de dominó cobre exatamente duas casas?*

Problema 8.14. - *Marcam-se* 16 *pontos distribuídos no centro das casas de um tabuleiro* 4×4 *da maneira seguinte, veja Figura 8.5:*
(a) Prove que podemos escolher 6 *dos* 16 *pontos de modo que nenhum triângulo isósceles possa ser desenhado tendo como vértices três desses* 6 *pontos.*
(b) Prove que não podemos escolher 7 *pontos com a propriedade do subitem (a).*

Problema 8.15. - *Num tabuleiro* 9×9, *onde inicialmente todas as casas estão pintadas de branco, escolhem-se, aleatoriamente,* 46 *casas para pintá-*

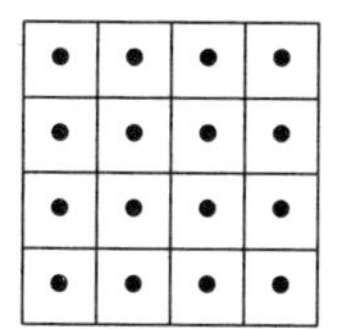

Figura 8.5: Pontos nos centros das casas do tabuleiro

las de vermelho. Mostre que, não importa a escolha feita, existe um subtabuleiro 2×2 *no qual tem no mínimo três casas pintadas de vermelho.*

Problema 8.16. - *Quinze cavalos (peças do jogo de xadrez) devem ser colocados sobre um tabuleiro* 15×15, *de tal modo que satisfaçam a propriedade seguinte: dois cavalos não estejam na mesma linha nem na mesma coluna. Em seguida, cada cavalo faz um movimento (como no jogo de xadrez) e muda de posição. Diga, justificando, se é possível que depois que todos os cavalos tenham feito seus movimentos, ainda tenhamos a mesma propriedade.*

Problema 8.17. - *Num tabuleiro* 7×7, *qual é a quantidade máxima de casas que podemos pintar, para que não hajam* 4 *casas pintadas cujos centros formem um retângulo com lados paralelos ao lados do tabuleiro?*

Problema 8.18. - *Cobrir um tabuleiro* 13×13 *com peças em forma de quadrados* 2×2 *e peças em formas de* L, *formadas a partir de três quadrados unitários, de modo que a* ***quantidade de peças*** *em forma de* L *seja* ***a menor possível.***

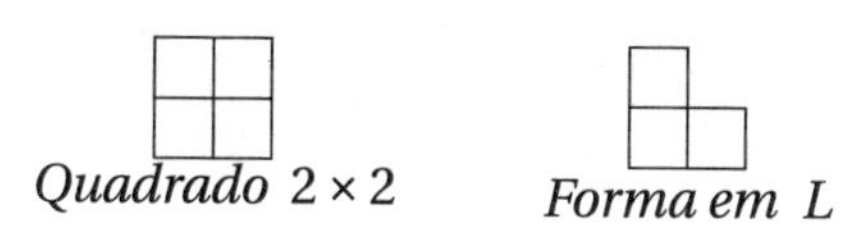

Justificar por que não se pode usar uma quantidade menor de formas em L *do que a sua resposta.*
OBSERVAÇÃO: *Cada quadrado* 2×2 *cobre perfeitamente* 4 *casas do tabuleiro. Cada forma em* L *cobre perfeitamente* 3 *casas do tabuleiro. As formas en* L *podem ser giradas. O recobrimento do tabuleiro por estas peças não pode ter buracos nem superposições de peças nem sair do tabuleiro.*

Problema 8.19. - *Quando colocamos num tabuleiro uma torre (peça do jogo de xadrez), que vamos denotar por **T**, esta ataca todas as casas que estão numa mesma linha ou coluna. No tabuleiro* 4×4 *a seguir, colocamos duas torres e verificamos que elas atacam* 10 *casas.*

	*	*	
	*	*	
*	*	T	*
*	T	*	*

Se colocarmos quatro torres num tabuleiro 100×100 *da maneira mostrada a seguir*

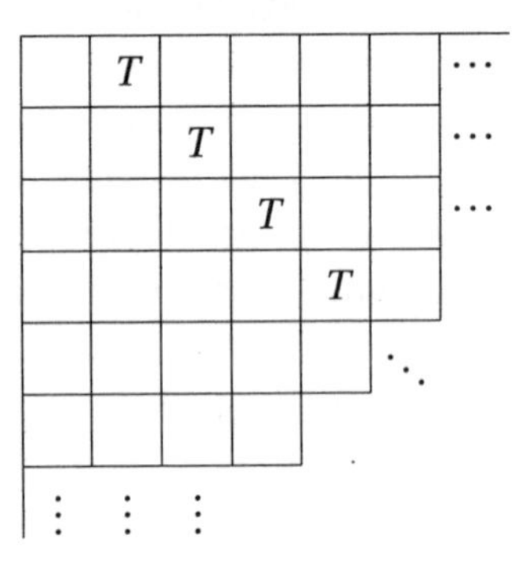

Quantas casas atacam essas quatro torres?

Problema 8.20. - *Uma formiga chega à casa superior esquerda de um tabuleiro de xadrez, e então ela decide visitar todas as casas brancas.*

Ela quer fazer isso sem nunca entrar numa casa preta ou passar mais de uma vez pelo mesmo cruzamento de uma linha horizontal com uma linha vertical do tabuleiro.
A formiga vai poder realizar seu desejo? Se sim, mostre a rota que a formiga percorrerá. Se não, explique.

Problema 8.21. - *Atrás de algumas casas de um tabuleiro* 5×5 *encontram-se escondidas bombas, sendo que cada uma dessas casas tem escondida, no máximo, uma bomba. Na figura a seguir, as casas onde estão escritos números não tem bombas, e os números nelas escritos indicam quantas das casas adjacentes (vertical, horizontal ou diagonalmente) possuem uma bomba escondida.*

		1		
	1		2	
		3		
	4		4	
		1		

Determine a quantidade total de bombas em todo o tabuleiro.

Problema 8.22. - *Atrás de cada casa de um tabuleiro* 6×6 *encontra escondida uma moeda (cada casa possui escondida, no máximo, uma moeda). Os números escritos em cada casa representam a quantidade de casas vizinhas que possuem uma moeda escondida, veja a Figura a seguir. Duas casas do tabuleiro são vizinhas se possuem um lado em comum.*

1	1	2	1	1	1
1	3	2	2	3	1
1	2	2	3	1	2
1	2	2	1	2	1
2	2	2	2	2	1
1	2	2	1	2	1

Determine a quantidade de moedas escondidas em todo o tabuleiro.

Problema 8.23. - *Temos uma sacola cheia de* **T**-*tetraminós, que é uma figura como a mostrada abaixo.*

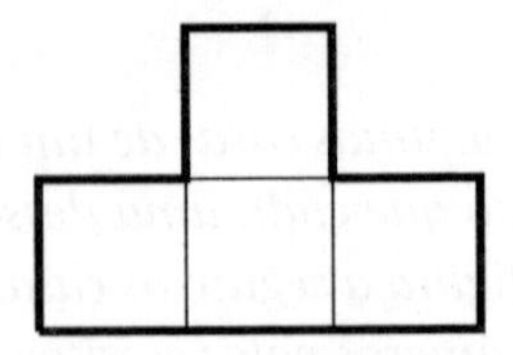

(i) É possível cobrir completamente um tabuleiro 12×8 *com* **T**-*tetrominós, sem sobreposição (supondo que os quadrados do tabuleiro são do mesmo tamanho que os quadrados que compõem cada T-tetrominó)?*
(ii) É possível cobrir um tabuleiro 8×3*? E um tabuleiro* 10×7*? Em cada caso, se for possível, mostre, com um desenho, como fazer. Se não, explique porque não é possivel.*

Problema 8.24. - *Escrevem-se os números* 1, 4, 8, 10 *em casas de um tabuleiro* 3×3, *veja a Figura a seguir.*

1	8	
		10
4		

Queremos escrever números inteiros positivos em cada uma das casas vazias de modo que satisfaçam as duas condições seguintes:

- *Os nove números no tabuleiro sejam distintos.*
- *A soma dos quatro números em qualquer subtabuleiro* 2×2 *seja sempre a mesma.*

Determine o menor valor que pode assumir a soma dos nove números possíveis.

Capítulo 9

Solução dos Problemas

Problema 9.1. - *Num tabuleiro* 8×8, *com as casas pintadas alternadamente de preto e branco, um movimento permitido é trocar de posição quaisquer duas linhas ou colunas. Aplicando uma sequência de tais movimentos, é possível obter um tabuleiro onde a metade à esquerda seja totalmente formada por casas pretas e a metade à direita seja formada inteiramente por casas brancas?*
Solução

Este problema foi da Olimpíada de Matemática de Leningrado (Rússia)-1987. *Observe que em qualquer movimento não se altera o número de quadrados pretos numa coluna do tabuleiro, que inicialmente é quatro. Logo, nunca obteremos uma coluna consistindo de oito quadrados pretos. Portanto, é impossível obter um tabuleiro onde a metade à esquerda seja totalmente formada por casas pretas e a metade à direita seja formada inteiramente por casas brancas.*

Problema 9.2. - *Decida se é possível escrever os números inteiros* $1, 2, 3, \cdots, 121$, *um em cada casa de um tabuleiro* 11×11, *de tal forma que se dois números são consecutivos, as casas que eles ocupam tem um lado em comum e, além disso, os quadrados perfeitos estejam todos dispostos numa mesma coluna.*
Solução

Este problema foi da Olimpíada Cearense de Matemática-1997.
A resposta é não.

A mesma resposta vale no caso geral onde o tabuleiro tenha as dimensões $n \times n$, *com* n *um número inteiro ímpar. De fato, seja* $n = 2k + 1$, *com* k *um inteiro positivo e imaginemos que seja possível fazer uma tal distribuição dos números* $1, 2, 3, \ldots, (2k+1)^2$ *nas condições do problema. No tabuleiro temos* n^2 *casas, que vamos numerá-las: casa* 1, *casa* 2, *casa* $3, \ldots$, *casa* n^2, *de tal modo que a casa* 1 *tenha um lado comum com a casa* $2, \ldots$, *casa* $(n^2 - 1)$ *tenha um lado comum com a casa* n^2. *Agora, consideremos os seguintes conjuntos disjuntos de números inteiros:*

$$A_1 = \{2, 3\},\ A_2 = \{5, 6, 7, 8\},\ A_3 = \{10, 11, 12, \ldots, 15\},\ A_4 = \{17, 18, 19, \ldots, 24\}, \ldots,$$

$$\ldots, A_{2k} = \{(2k)^2 + 1,\ (2k)^2 + 2,\ \ldots,\ (2k+1)^2 - 1\}$$

Observe que no conjunto A_i, *com* $i = 1, 2, 3, \ldots, 2k$, *não há números inteiros que sejam quadrados perfeitos. Além disso, da casa* i^2 *até a casa* $(i+1)^2$ *não atravessamos a coluna das casas onde estão dispostos os números que são quadrados perfeitos. Isto significa que a coluna onde estão dispostos os quadrados perfeitos divide o tabuleiro em dois tabuleiros:* T_1 *e* T_2, *veja na Figura 10.1. Observe que os elementos dos conjuntos* $A_2, A_4, A_6, \ldots, A_{2k}$

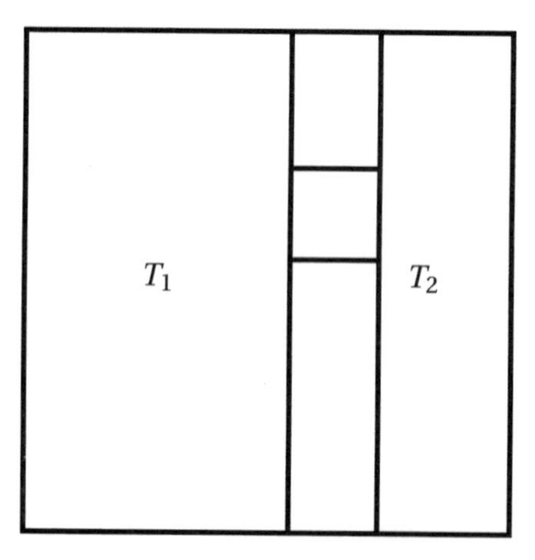

Figura 9.1: Tabuleiro dividido

constituem um dos tabuleiros: T_1 *ou* T_2. *Porém, a quantidade de elementos da união* $A_2 \cup A_4 \cup A_6 \ldots \cup A_{2k}$ *é igual a* $4 + 8 + 12 + \ldots + 2k = 2k \cdot (k+1)$, *pois o tabuleiro completo possui* $2k + 1$ *linhas, enquanto que cada um dos subtabuleiros* T_1 *e* T_2 *tem um número de casas múltiplo de* $n = 2k+1$. *Mas,*

$2k\cdot(k+1)$ *não é múltiplo de* $2k+1$. *Portanto, é impossível a distribuição dos números inteiros* $1, 2, 3, \ldots, (2k+1)^2$ *na forma desejada. Em particular, é impossível a distribuição quando* $n = 2\cdot 5+1 = 11$.

Problema 9.3. - *Num tabuleiro* 5×5, *dois jogadores disputam um jogo, em que jogam alternadamente. Uma jogada consiste em escrever um número por vez numa casa vazia. O primeiro jogador sempre escreve o número* 1, *o segundo jogador o número* 0. *O jogo termina quando todas as casas do tabuleiro forem preenchidas. Para cada subtabuleiro* 3×3, *calcula-se a soma dos nove números nas casas ali escritas. Seja* A *a maior soma encontrada. Qual é o maior valor de* A *que o primeiro jogador pode produzir, independente de como o segundo jogador faça suas jogadas?*

Solução

Este problema foi proposto para a Olimpíada Internacional de Matemática - 1994, *mas não usado.*

Sejam P *e* S, *o primeiro e o segundo jogadores, respectivamente. Vamos mostrar que o segundo jogador,* S, *pode produzir* $A \leq 6$ *e o jogador* P *pode tornar* $A = 6$. *Para isso, imagine o tabuleiro dado coberto parcialmente por* 10 *dominós, como na Figura 10.2 a seguir. É fácil ver que um dominó cobre exatamente duas casas do tabuleiro. Sempre que o jogador* P *escrever o*

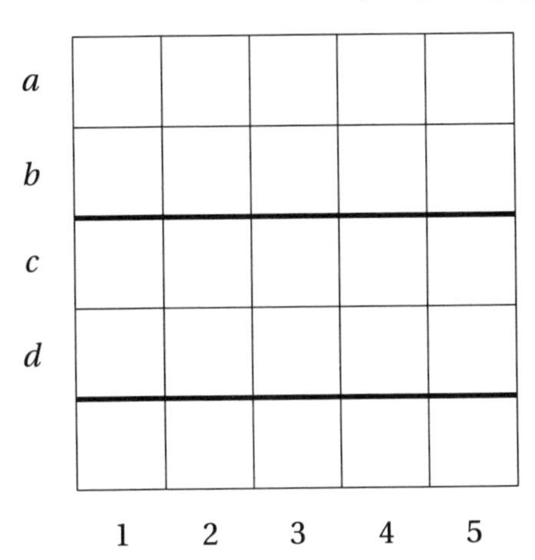

Figura 9.2: Tabuleiro parcialmente coberto por dominós

número 1 *numa casa do tabuleiro que está num dominó do tipo* 1×2, *o jogador* S *escreve* 0 *na outra casa do mesmo dominó, se ela ainda estiver vazia. Como qualquer subtabuleiro* 3×3 *contêm, no mínimo, três dominós completos do tipo* 1×2, *então existe no mínimo três* 0 *ali. Portanto, o jogador S pode tornar* $A \leq 6$. *Agora, vamos mostrar que o jogador* P *pode produzir* $A = 6$. *Vamos chamar as linhas do tabuleiro dado, de baixo para cima, de* a, b, c, d, e *e as colunas, da esquerda para a direita, de* $1, 2, 3, 4, 5$. *O jogador* P *começa o jogo escrevendo* 1 *na casa central do tabuleiro dado, ou seja, a casa* $c3$. *Por simetria, podemos supor que o jogador* S *responde escrevendo* 0 *na coluna* 4 *ou na* 5. *Então o jogador* P *escreve* 1 *na casa* $c2$. *Se o jogador* S *escreve* 0 *na casa* $c1$, *então* P *tem a possibilidade de escrever dois* 1*'s em duas das casas* $b1$, $b2$, $b3$ *ou ainda escrever três* 1*'s em três das casas* $a1$, $a2$, $a3$, $d1$, $d2$, $d3$. *Então ou no subtabuleiro* $\{a, b, c\} \times \{1, 2, 3\}$ *ou no subtabuleiro* $\{b, c, d\} \times \{1, 2, 3\}$ *o jogador* P *terá escrito seis* 1*'s. Além disso, se o jogador* S *não escreve* 0 *na casa* $c1$, *então* P *escreve* 1 *naquela casa, deste modo pode facilmente obter seis* 1*'s ou no sub-tabuleiro* $\{a, b, c\} \times \{1, 2, 3\}$ *ou em* $\{c, d, e\} \times \{1, 2, 3\}$, *o que mostra que o jogador* P *pode realizar jogadas de modo a tornar* $A = 6$.

Problema 9.4. - *As casas de um tabuleiro* $n \times n$ *são pintadas de preto e branco, de tal maneira que todo quadrado* 2×2 *contém exatamente* 3 *casas de mesma cor. De quantas maneiras isso pode ser feito?*
Solução

*Este problema foi da Olimpíada de Matemática da África do Sul-*1996.
Pelas hipóteses do problema, se três casas de um subtabuleiro 2×2 *forem pintadas, a cor da quarta casa fica determinada. Isto implica que, se a primeira linha e a primeira coluna tiverem sido pintadas, todas as outras casas do tabuleiro terão suas pinturas determinadas. Como a primeira linha e a primeira coluna possuem juntas* $2n - 1$ *casas e cada uma delas pode ser pintada com uma das cores: preto e branco, segue que podemos fazer* 2^{2n-1} *pinturas distintas. Portanto, a resposta é* 2^{2n-1}.

Problema 9.5. - *Corta-se um tabuleiro* 7×7 *em figuras dos três tipos mostrados na Figura 9.3, a seguir.*
Prove que dentre as figuras cortadas existe exatamente uma contendo quatro quadrados (do tipo 2 *ou do tipo* 3*).*

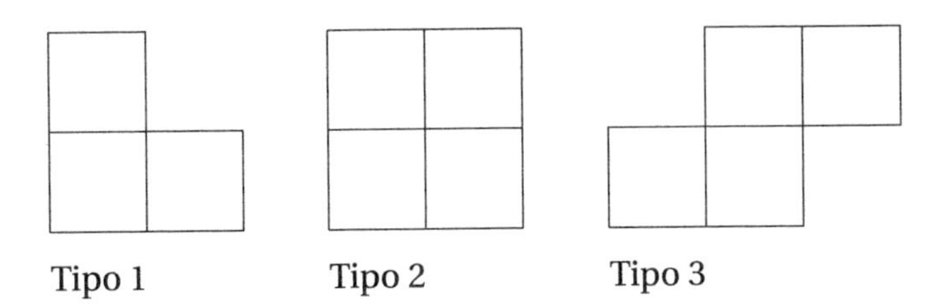

Figura 9.3: Modelos cortados do tabuleiro 7×7

Solução

Suponha que ao cortar o tabuleiro em figuras das formas propostas tenhamos produzido m *figuras do tipo* 2 *ou do tipo* 3 *e* n *figuras do tipo* 1. *Como as figuras dos tipos* 2 *e* 3 *têm quatro quadrados e a figura do tipo* 1 *tem três quadrados, temos que* $4m + 3n = 49$. *Isolando o valor de* m, *obtemos* $m = \frac{49-3n}{4}$. *Como* m *é um número inteiro maior do que ou igual a zero e menor do que ou igual a* 49, *então* 4 *tem de dividir* $49 - 3n$. *Assim, é fácil ver que* n *tem de ser da forma* $3 + 4t$, *onde* t *é um número inteiro. Como* $0 \leq n \leq 49$, *os únicos valores possíveis para n são:* 3 7, 11 *e* 15. *Portanto, os possíveis pares do tipo* (m, n) *são* $(1, 15)$, $(4, 11)$, $(7, 7)$ *e* $(10, 3)$. *Agora, considere uma pintura do tabuleiro dado como mostrado na figura 10.4.*

Cada uma das peças propostas cobrirá, no máximo, uma casa preta. Portanto, $m + n \geq 16$, *e a única solução possível é o par* $m = 1$ *e* $n = 15$. *Por-*

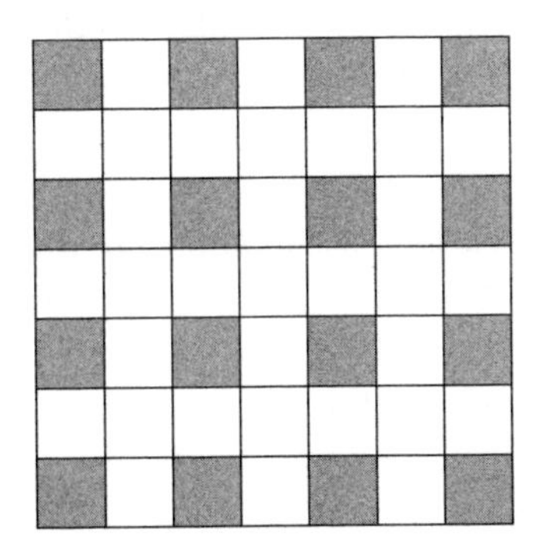

Figura 9.4: Pintura alternativa

tanto, para ladrilhar o tabuleiro com as figuras propostas, existe exatamente uma contendo quatro quadrados (do tipo 2 *ou do tipo* 3*).*

Problema 9.6. - *Na Figura 9.5, em um tabuleiro* 3×4, *temos seis cavalos, três brancos e três pretos, ocupando a primeira e a quarta linha, respectivamente. Os cavalos se movimentam de acordo com as regras do jogo de xadrez comum.*

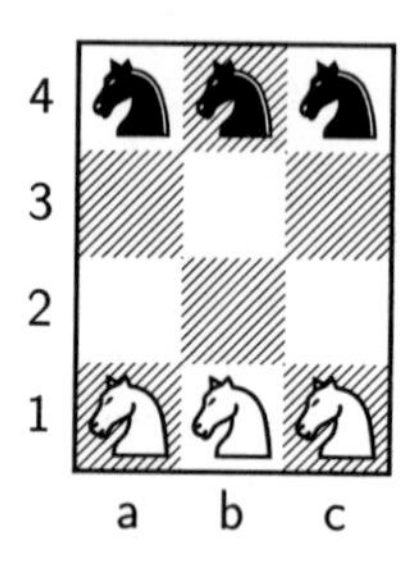

Figura 9.5: problema de Guarini para um tabuleiro 3×4

Encontrar a quantidade mínima de movimentos necessários para que esses cavalos troquem de lugares.
Solução

A resposta: são necessários, no mínimo, 16 *movimentos.*
É fácil ver que em sete movimentos podemos mover os três cavalos pretos para a posição correta; e, por simetria, há realmente apenas uma maneira de fazer isso: trazer o cavalo preto da casa c4 *para a casa* a1 *e mover os outros dois cavalos pretos duas vezes cada. Ou seja, mover o cavalo preto da casa* a4 *para a casa* b2 *e o cavalo preto da casa* b4 *para a casa* c1. *Assim, poderíamos pensar que em apenas quatorze movimentos, sete para cada cor, faríamos a troca completa de todos os cavalos, mas infelizmente nós não podemos movimentar ao mesmo tempo os cavalos brancos e os cavalos pretos, pois não há espaço suficiente para fazer as trocas de posição. O que nós podemos fazer é mover um cavalo, um único passo para trás na hora certa para limpar o caminho para um cavalo de cor oposta. Com isso, perde-se dois movimentos, que é o melhor que podemos esperar. Assim, precisamos de* 16 *movimentos. De fato, com dois movimentos, fazemos o cavalo preto da casa* c4 *ir para a*

casa $c2$, *veja na Figura 9.6.*

Agora, com dois movimentos, fazemos o cavalo branco da casa $b1$ *ir para a*

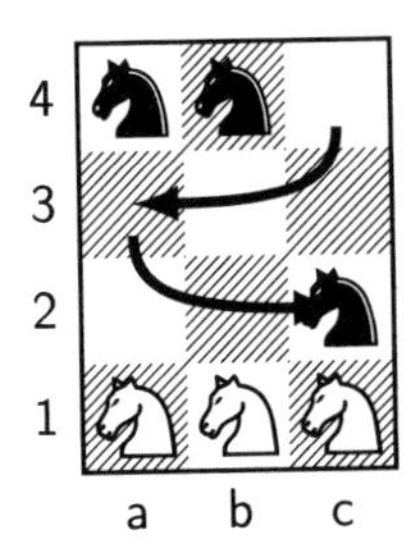

Figura 9.6: Cavalo preto vai de $c4$ para a casa $c2$

casa $c4$, *veja Figura a 9.7.*

Os últimos dois movimentos nos permitem levar (com dois movimentos) o

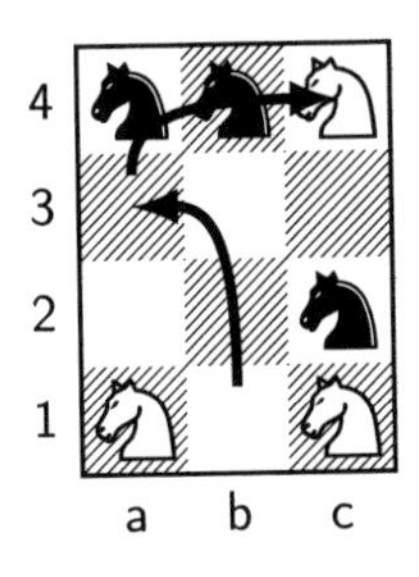

Figura 9.7: Cavalo branco vai de $b1$ para a casa $c4$

cavalo preto da casa $a4$ *para a casa* $b1$, *veja a Figura 9.8*

Uma vez vaga a casa $a4$, *podemos, com três movimentos, levar o cavalo branco da casa* $c1$ *para a casa* $a4$, *veja a Figura 9.9.*

Depois disso, podemos movimentar o cavalo preto da $b4$ *para a casa* $c1$, *veja a Figura 9.10.*

Agora, movimentamos o cavalo preto que está na casa $c2$ *para a casa* $a3$ *e o cavalo branco da casa* $a1$ *para a casa* $c2$, *veja Figura 9.11.*

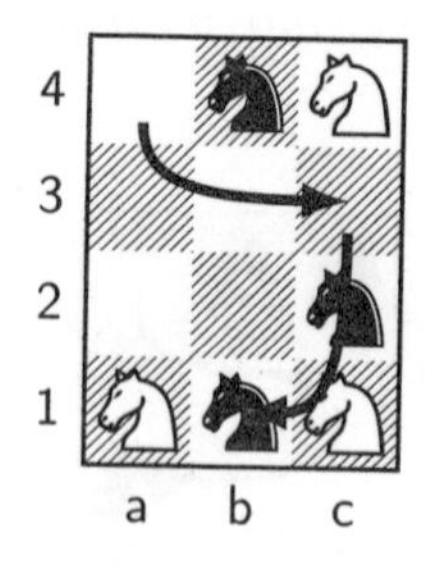

Figura 9.8: Cavalo preto da casa $a4$ vai para a casa $b1$

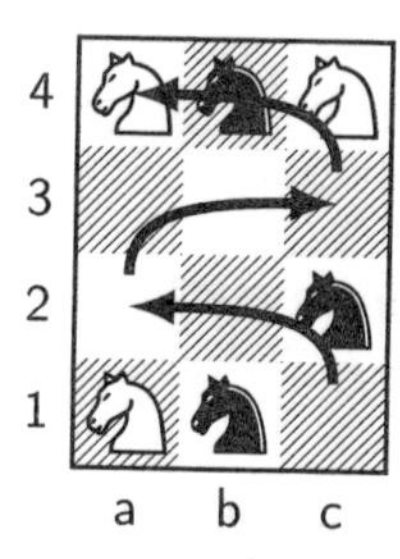

Figura 9.9: Movimento do cavalo branco da casa $c1$ para a casa $a4$

Figura 9.10: Movimento do cavalo preto da casa $b4$ para a casa $c1$

Neste momento, fazemos o movimento do cavalo branco da casa c2 *para a*

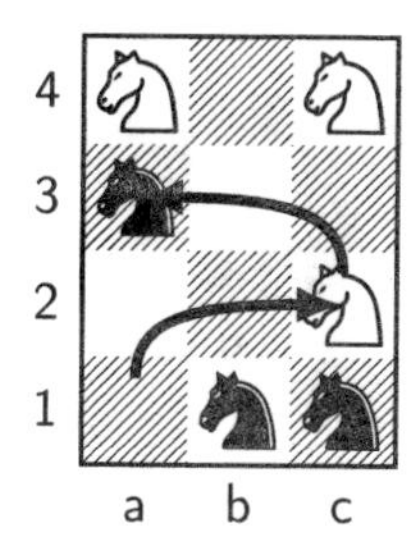

Figura 9.11: Movimento do cavalo preto da casa $c2$ vai para a casa $c1$ e do cavalo branco da casa $a1$ para a casa $c2$

casa b4 *e voltamos o cavalo preto da casa* a3 *para a casa* c2, *veja a Figura 9.12.*

Finalmente, movimentamos o cavalo preto da casa c2 *para a casa* $a1$,

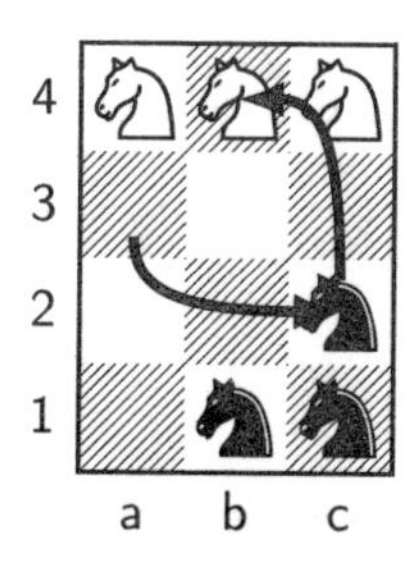

Figura 9.12: Movimento do cavalo branco da casa $c2$ vai para a casa $b4$ e do cavalo preto da casa $a3$ para a casa $c2$

veja a Figura 9.13.

Problema 9.7. - *Os menores tabuleiros de xadrez para os quais o cavalo pode fazer um passeio completo, passando por todas as casas uma única vez, são*

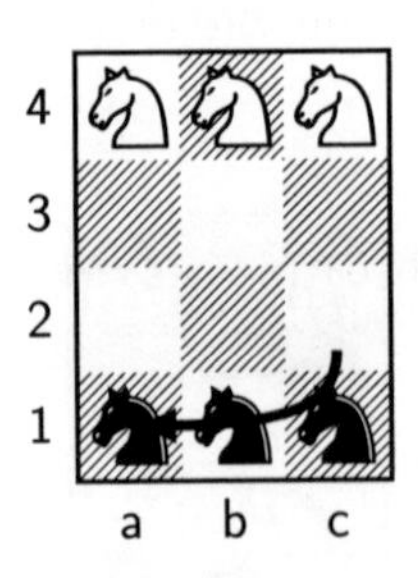

Figura 9.13: Movimento do cavalo branco da casa $c2$ vai para a casa $b4$ e do cavalo preto da casa $a3$ para a casa $c2$

os de dimensões 6×5 *e* 10×3. *Encontre um passeio do cavalo para cada um*

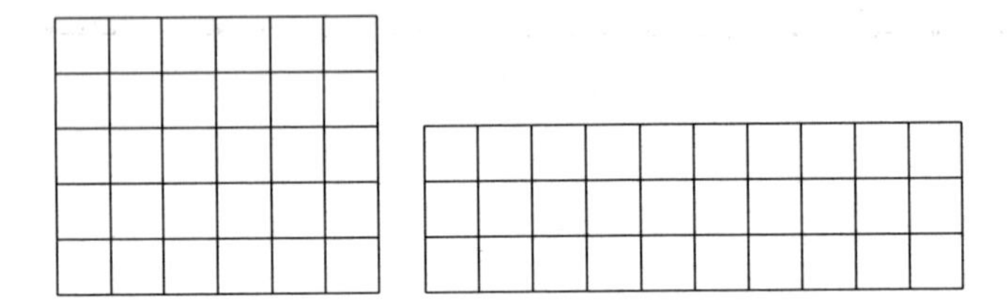

Figura 9.14: Tabuleiros 6×5 e 10×3

desses tabuleiros.

Solução

Para o tabuleiro 6×5 *a resposta é dada na Figura 9.15, onde o passeio começa na casa* c5 *e termina na casa* e4.

Para o tabuleiro 10×3 *a resposta é dada na Figura 9.15, onde o passeio começa na casa* $a3$ *e termina na casa* $b1$.

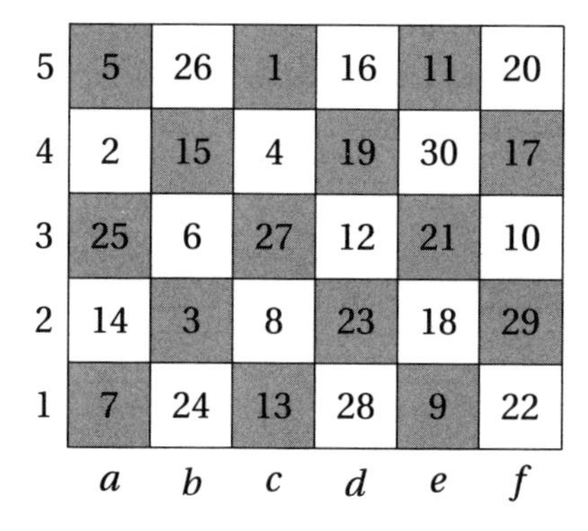

	a	b	c	d	e	f
5	5	26	1	16	11	20
4	2	15	4	19	30	17
3	25	6	27	12	21	10
2	14	3	8	23	18	29
1	7	24	13	28	9	22

Figura 9.15: Passeio do cavalo num tabuleiro 6×5

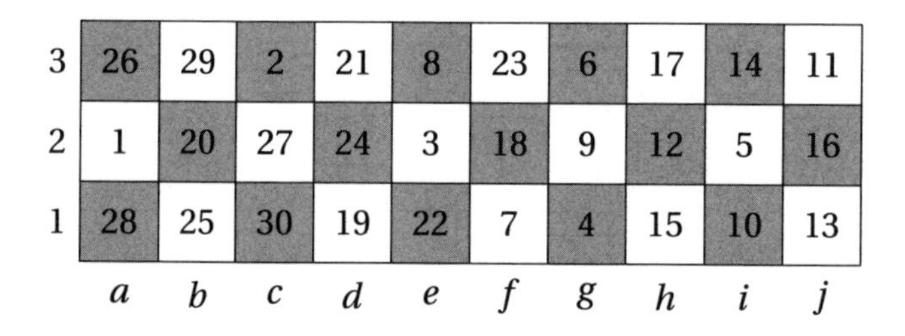

	a	b	c	d	e	f	g	h	i	j
3	26	29	2	21	8	23	6	17	14	11
2	1	20	27	24	3	18	9	12	5	16
1	28	25	30	19	22	7	4	15	10	13

Figura 9.16: Passeio do cavalo num tabuleiro 10×3

Problema 9.8. - *Pintam-se com* 4 *cores distintas as casas de um tabuleiro* 100×100, *de tal maneira que cada linha e cada coluna do tabuleiro possui* 25 *casas de cada cor. Demonstre que existem duas linhas e duas colunas tais que suas* 4 *interseções estão pintadas com cores distintas.*

Solução

Este problema foi da Olimpíada de Matemática da Rússia-2000.
Na solução do problema, vamos utilizar o Princípio da Casa dos Pombos [1]. *Inicialmente, contamos a quantidade possível, P, de pares de casas* (a_1, a_2) *tais que* a_1 *e* a_2 *estão na mesma linha e possuem cores distintas. Como são*

[1] **Princípio da Casa dos Pombos ou Princípio das Gavetas de Dirichlet** - Se n objetos forem colocados em no máximo $(n-1)$ gavetas, então pelo menos uma delas conterá dois objetos. Ver [5], página 81.

4 *cores, existem* $\binom{4}{2} = \frac{4!}{2!2!} = 6$ *maneiras distintas de pintar pares de casas nas quais* a_1 *e* a_2 *possuem cores distintas. Como em cada linha do tabuleiro existem* 25 *casas de cada cor, deve haver* $\binom{4}{2} \cdot 25 \cdot 25 = 6 \cdot 25 \cdot 25 = 3750$ *pares possíveis em cada linha. Logo, temos*

$$P = 100 \cdot 6 \cdot 25 \cdot 25 = 375000.$$

Por outro lado, sabemos que existem $\binom{100}{2}$ *pares de colunas e cada par dentre as* $P's$ *deve estar em algum destes pares. Portanto, neste problema, as casas dos pombos são os pares de colunas e os pombos serão os pares de casas da mesma linha de diferentes cores. Então, pelo Princípio da Casa dos Pombos, existe um par de colunas que possui pelo menos* $\frac{P}{\binom{100}{2}}$ *pares dentre os* $P's$.

Observe que

$$\frac{P}{\binom{100}{2}} = \frac{100 \cdot 6 \cdot 25 \cdot 25 = 375000}{\frac{100 \cdot 99}{2}} = \frac{12 \cdot 25 \cdot 25}{99} = \frac{100 \cdot 75}{99} > 75.$$

Agora, somente consideramos os pares de casas na mesma linha, com cores distintas e que estão nessas duas colunas que estamos examinando. Veremos que essas duas colunas são as que buscamos. De fato, se essas duas colunas não nos satisfazem, então quaisquer dois pares de casas que acabamos de contar devem compartilhar pelo menos uma cor. Consideremos um desses pares, cujos elementos do par devem ter cores distintas, digamos verde e azul. Como existem mais de 50 *desses pares de casas, deve haver algum para cujos membros não tenha a cor azul. Logo, a cor dos elementos do par deve ser, digamos, preto e verde. Agora com* 3 *pares, qualquer outro deve ser azul e preto ou preto e verde. Cada par de casas usa* 2 *destas cores, logo estaríamos usando um total maior do que* 150 *vezes estas cores, pois havia mais de* 75 *destes pares de casas. Mas, cada cor aparece exatamente* 25 *vezes em cada uma das* 2 *colunas em questão. Logo, só se pode usar* 150 *vezes as cores. Portanto, deve haver dois pares de casas que satisfazem a condição do problema, o que conclui a demonstração.*

Problema 9.9. - *Um movimento num tabuleiro* $m \times n$ *consiste de:*
(i) Escolhendo algumas casas vazias, tais que duas delas não estejam na mesma linha ou na mesma coluna, colocar uma peça branca em cada casa escolhida;
(ii) Colocar uma peça preta em cada casa vazia que possui uma peça branca

na sua linha ou na sua coluna.
Qual é a quantidade máxima de pedras brancas que pode aparecer no tabuleiro depois que alguns movimentos forem executados?
Solução

Este problema foi da Balkan Mathematical Olympiad-BMO-Short List-2004.
A resposta é $m+n-1$.
Podemos obter $m+n-1$ *peças brancas sobre o tabuleiro colocando sucessivamente peças nas casas:*

$$(1,1),\ (1,2),\ \ldots,\ (1,n),\ (2,n),\ \ldots,\ (m,n).$$

Agora, considere a situação em que no tabuleiro foram colocadas peças brancas, de acordo com as regras, e removemos todas as linhas e colunas nas quais contêm menos do que duas peças brancas. Deste modo, removemos, no máximo, $m+n-1$ *peças brancas. Se resta alguma peça branca em todas as linhas e colunas restantes, existem, no mínimo, duas peças brancas. Dentre as peças brancas restantes, considere aquela para a qual foi feito o último movimento. Logo, com o mesmo movimento, no mínimo outra peça branca foi colocada na mesma linha ou na mesma coluna, o que é uma contradição com as regras do problema.*

Problema 9.10. - *Num hotel, os quartos estão dispostos como um tabuleiro* 8×2, *estando cada um deles ocupado por um hóspede. Todos os hóspedes estão se sentindo desconfortáveis em seus aposentos, de modo que cada um deles gostaria de passar para um quarto adjacente, horizontal ou verticalmente. Naturalmente, eles podem fazer a mudança simultaneamente, de tal maneira que cada quarto fique novamente ocupado com um hóspede.*
De quantas maneiras distintas podem ser feitos esses movimentos coletivos?
Solução

Imagine que os quartos são pintados alternadamente de preto e branco, no estilo de um tabuleiro de xadrez, veja Figura 9.17, a seguir. Pela figura, é fácil ver que, cada hóspede se movimenta de um quarto preto para um quarto adjacente branco, e vice-versa. Se para um hóspede, que inicialmente está num quadrado preto, colocamos um dominó sobre o quarto antigo e o novo, obtemos uma pintura do tabuleiro do tipo $2\times n$, *formada por* n *dominós, pois cada quadrado preto é usado uma vez e cada quadrado branco é usado uma*

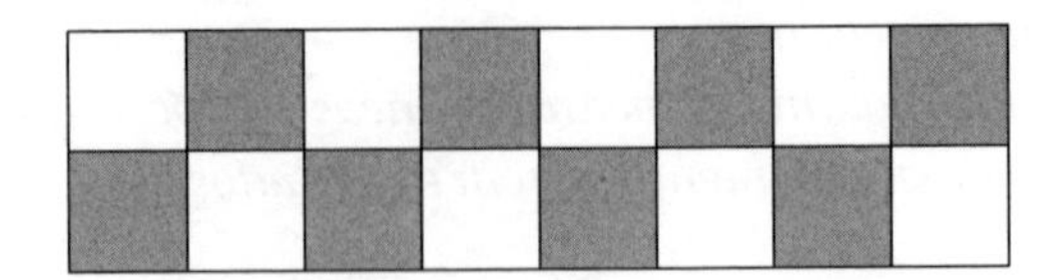

Figura 9.17: Quartos do Hotel

vez. Aplicando procedimento análogo para cada hóspede que inicialmente está num quarto branco e se movimenta para um quadrado preto, obtemos uma segunda pintura para o tabuleiro. Inversamente, é fácil verificar que, para qualquer par de quadrados dessas pinturas, determina um padrão de movimento. Também é fácil provar por indução, que o número de pinturas do tipo dominós de um tabuleiro de dimensões $2 \times n$ *é* $(n+1)$*-ésimo número de Fibonacci.*

Isto é fácil de ver para os casos de $n = 1, 2$ *e para um retângulo* $2 \times n$*, onde os dois quadrados mais à direita pertencem a um dominó vertical ou deixam um retângulo de dimensão* $2 \times (n-1)$ *ser pintado arbitrariamente, ou dois dominós ocupam quadrados adjacentes, deixando um retângulo de dimensão* $2 \times (n-2)$ *ser pintado livremente. Portanto, o número de pinturas possíveis é o número de Fibonacci.*

Deste modo, o número de pinturas de um tabuleiro de dimensão 2×8 *é* 34*, e o número possível de pares de tais pinturas é igual a* $34^2 = 1156$*, que é a resposta ao problema.*

Problema 9.11. - *Temos um tabuleiro de xadrez* (8×8) *e* 32 *peças de um dominó, cada uma delas com capacidade para ocupar exatamente a região de duas casas adjacentes do tabuleiro. Duas casas são adjacentes se possuem um lado em comum. É fácil ver que, com as 32 peças do dominó, é possível cobrir perfeitamente a região de todo o tabuleiro. Retiram-se as duas casas dos cantos da diagonal principal, como mostra a Figura 9.18, a seguir.*

Diga, justificando, se é possível cobrir o tabuleiro mutilado com 31 *peças do dominó.*

Solução

A resposta é não.

Uma maneira surpreendentemente fácil de resolver o problema é pintar al-

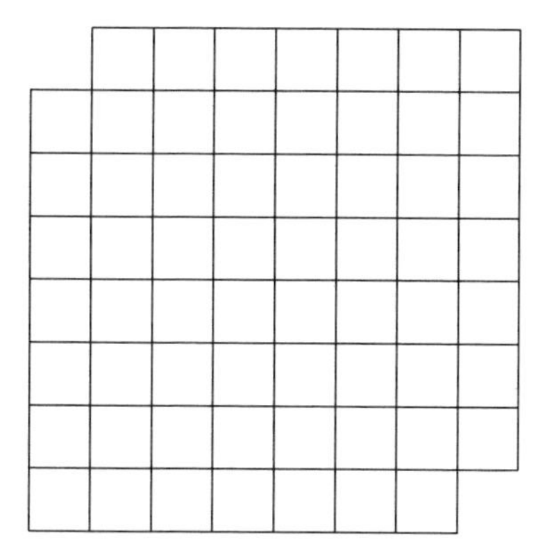

Figura 9.18: Tabuleiro sem duas casas diagonalmente opostas

ternadamente as casas do tabuleiro (8×8) *de preto e branco, veja Figura 9.19, a seguir.*

Ao ser colocada sobre o tabuleiro, cada peça do dominó cobre perfeitamente

Figura 9.19: Tabuleiro de Xadrez

duas casas adjacentes, vertical ou horizontalmente, ocupando sempre uma casa branca e uma casa preta. Quando se retira as duas casas dos cantos da diagonal principal, eliminam-se duas casas de mesma cor. Isto significa que, no tabuleiro mutilado existem agora 30 *casas de uma cor e* 32 *da outra cor, o que torna impossível serem cobertas com* 31 *peças do dominó.*

Problema 9.12. - *Num tabuleiro de xadrez comum* 8×8, *removem-se três casas de cada cor, de modo que o tabuleiro não fique dividido em duas ou*

mais partes separadas.
É possível cobrir a parte restante do tabuleiro com dominós 1×2, *que podem ser usados horizontal ou verticalmente, onde cada peça de dominó cobre exatamente duas casas?*
Solução

A resposta é: ***não*** *é sempre possível.*
Vamos mostrar essa impossibilidade raciocinando com uma Figura.
Assim, a Figura a seguir representa o canto inferior direito do tabuleiro. Re-

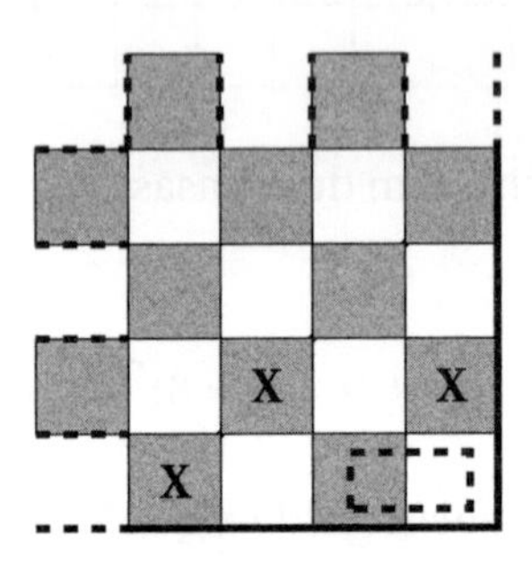

Figura 9.20: Canto Direito Inferior do Tabuleiro

movemos as três casa pretas marcadas com X *e as três casas brancas à direita delas, de modo que o tabuleiro não fique dividido em duas ou mais partes. A única maneira de cobrir a casa branca localizada à direita, na parte inferior do tabuleiro, é colocar um dominó como mostrado (pontilhado). Então será impossível cobrir a casa branca à sua esquerda.*

Problema 9.13. - *Num tabuleiro de xadrez comum* 8×8, *removendo-se uma casa preta e uma casa branca em qualquer posição do tabuleiro, é possível cobrir o tabuleiro mutilado restante com* 31 *dominós* 2×1 *(cada peça podendo ser usada horizontal ou verticalmente)?*
Solução

A resposta é sim.
A questão é conhecida na literatura como o Teorema de Gomory. Existe uma maneira bem acessível para resolvê-la. Para fazer isso, usaremos as ideias de passeio de uma peça ao longo de um tabuleiro. Em vez de passeio com um

cavalo, usaremos o passeio com uma torre, cujo movimento se dá na direção horizontal e vertical. Para nossos propósitos, vamos pensar o passeio da torre onde ela se move uma casa por vez. Assim, o passeio da nossa torre se faz no tabuleiro percorrendo as casas alternadamente brancas e pretas, saindo de uma casa qualquer, fazendo todo o percurso e voltando à casa inicial, como na Figura 9.20. Se as duas casas retiradas, uma preta e uma branca, forem

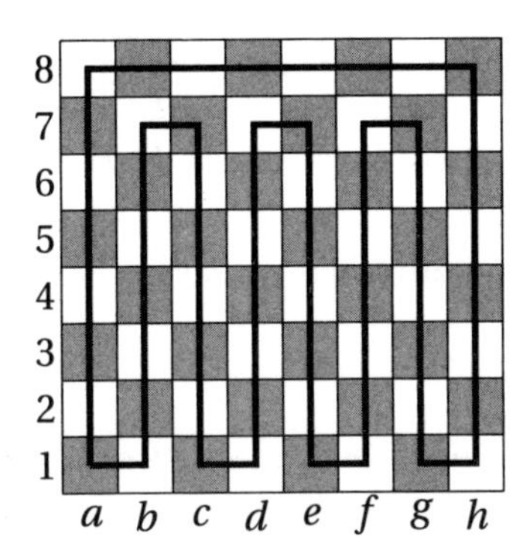

Figura 9.21: Passeio da Torre

vizinhas, o caminho percorrido pela torre, seguindo o modelo traçado como na Figura acima, permanece sem quebra, o que torna o passeio da torre possível, implicando que, neste caso, poderemos cobrir o tabuleiro mutilado com 31 *dominós* 2×1, *pois cada peça do dominó cobre precisamente uma casa branca e uma casa preta do tabuleiro.*

Se uma casa preta é removida em qualquer lugar do tabuleiro, o que sobra é uma espécie de colar aberto com duas extremidades brancas, veja Figura 9.21. Se a casa branca retirada estiver numa extremidade do colar, é fácil ver que poderemos realizar o passeio da torre, implicando que, neste caso, poderemos cobrir o tabuleiro mutilado com 31 *dominós* 2×1, *pois cada peça do dominó cobre precisamente uma casa branca e uma casa preta do tabuleiro.*

Agora, se a casa branca retirada estiver ao longo desta espécie de colar de casas, sem estar nas extremidades, ficando o colar de casas dividido em duas partes, sendo que cada uma destas duas partes tem nas duas extremidades casas de cores distintas, o que implica que cada uma destas partes pode ser coberta com uma fila de dominós, cada um deles cobrindo uma casa branca e uma preta, o que conclui a prova.

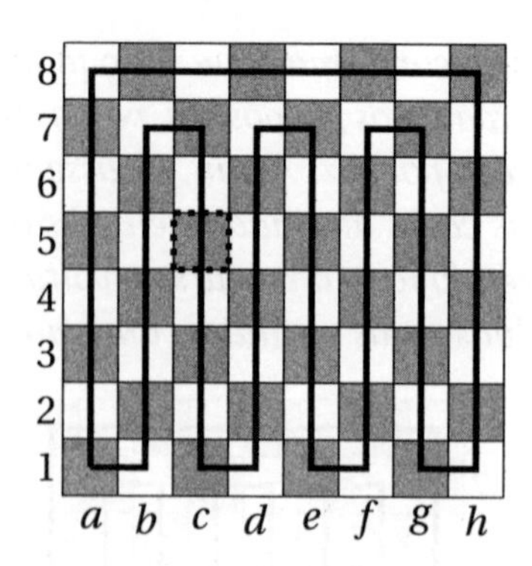

Figura 9.22: Retirada uma casa preta do tabuleiro

Problema 9.14. - *Marcam-se* 16 *pontos distribuídos nos centros das casas de um tabuleiro* 4×4 *da maneira seguinte, veja Figura 9.22:*
(a) Prove que podemos escolher 6 *dos* 16 *pontos de modo que nenhum tri-*

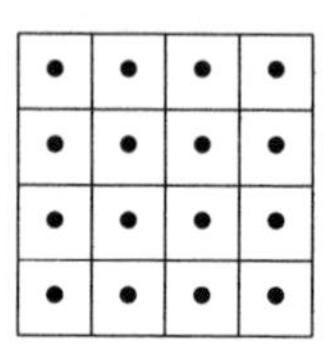

Figura 9.23: Pontos nos centros das casas do tabuleiro

ângulo isósceles possa ser desenhado tendo como vértices três desses 6 *pontos.*
(b) Prove que não podemos escolher 7 *pontos com a propriedade do subitem (a).*
Solução

Este problema foi da Romanian Mathematical Olympiad-2004.
(a) Qualquer uma das duas configurações seguintes, Figura 9.24, onde os pontos escolhidos são os círculos não preenchidos, satisfaz ao problema.
(b) Suponha que seja possível escolher 7 *dos* 16 *pontos de modo que não existam triângulos isósceles com vértices nos pontos escolhidos. Neste caso, existem exatamente duas possibilidades de isso ocorrer:*
(i)Todos os pontos escolhidos estão sobre o bordo do tabuleiro;

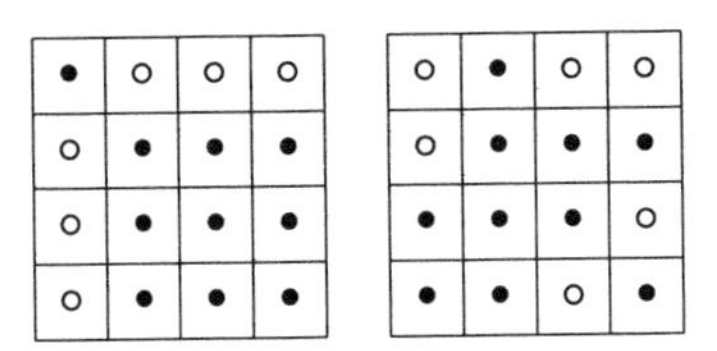

Figura 9.24: Configurações que satisfazem o problema

(ii) Existe, no mínimo, um ponto no interior do tabuleiro.
Se todos os pontos estão sobre o bordo do tabuleiro. Neste caso, partimos o conjuntos dos 12 *pontos sobre o bordo em três conjuntos, como na Figura 9.24. Agora, basta observar que não podemos escolher três pontos com os mes-*

○	◇	+	○
+	•	•	◇
○	•	•	+
○	+	◇	○

Figura 9.25: Se os 7 possíveis pontos estão sobre o bordo do tabuleiro

mos símbolos que não sejam vértices de um triângulo isósceles.
Se existe, no mínimo, um ponto no interior do tabuleiro. Neste caso, podemos repartir os 16 *pontos em cinco conjuntos, de acordo com a Figura 9.25. A partir dos pontos marcados com* ○, ⊗, ◇, *podemos escolher somente um*

★	★	⊗	○
★	•	◇	⊗
★	◇	◇	○
○	⊗	○	⊗

Figura 9.26: Se um dos 7 possíveis pontos está no interior do tabuleiro

ponto e, dentre os marcados com ★, *podemos escolher dois pontos. No total, escolhemos no máximo* 6 *pontos, que satsfazem ao problema. Portanto, não podemos escolher* 7 *pontos com a propriedade do subitem (i).*

Problema 9.15. - *Num tabuleiro* 9×9, *onde inicialmente todas as casas estão pintadas de branco, escolhem-se, aleatoriamente,* 46 *casas para pintá-las de vermelho. Mostre que, não importa a escolha feita, existe um subtabuleiro* 2×2 *no qual tem no mínimo três casas pintadas de vermelho.*
Solução

A ideia da solução é de A. Kaseorg, veja [1], página 17. *Suponha o contrário, isto é, nenhum subtabuleiro possui três casas pintadas de vermelho. Agora divida a região do tabuleiro em* 25 *polígonos, de acordo com a Figura 9.27. Na Figura 10.27 aparecem* 5 *casas (quadrados unitários), que se estivessem*

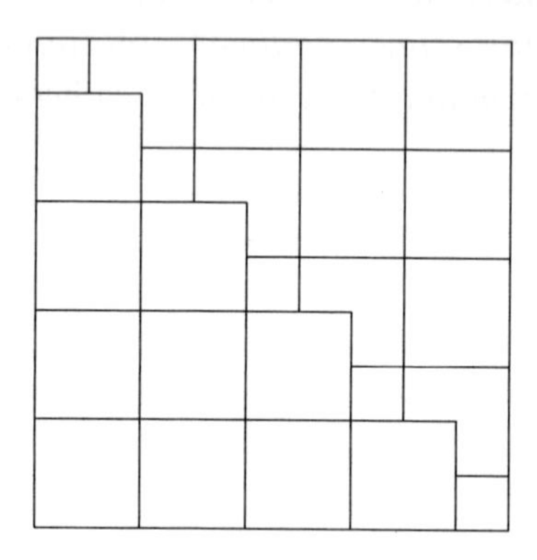

Figura 9.27: Região de Kaseorg

todas pintadas de vermelho, os 20 *polígonos restantes teriam que conter no máximo* 2 *casas pintadas de vermelho. Deste modo, existem no máximo* $20 \cdot 2 + 5 = 45$ *casas pintadas de vermelho. Contradição, pois foram pintadas* 46 *casas do tabuleiro. Portanto, existe um subtabuleiro* 2×2 *no qual tem, no mínimo, três casas pintadas de vermelho.*

Problema 9.16. - *Quinze cavalos (peças do jogo de xadrez) devem ser colocados sobre um tabuleiro* 15×15, *de tal modo que satisfaçam a propriedade seguinte: dois cavalos não estejam na mesma linha nem na mesma coluna. Em seguida, cada cavalo faz um movimento (como no jogo de xadrez) e muda de posição. Diga, justificando, se é possível que depois que todos os cavalos tenham feito seus movimentos, ainda tenhamos a mesma propriedade.*
Solução

A resposta é não.
Numeremos de 1 *a* 15, *as linhas e as colunas do tabuleiro, de baixo para cima e da esquerda para direita, respectivamente, veja a Figura 9.28. Supo-*

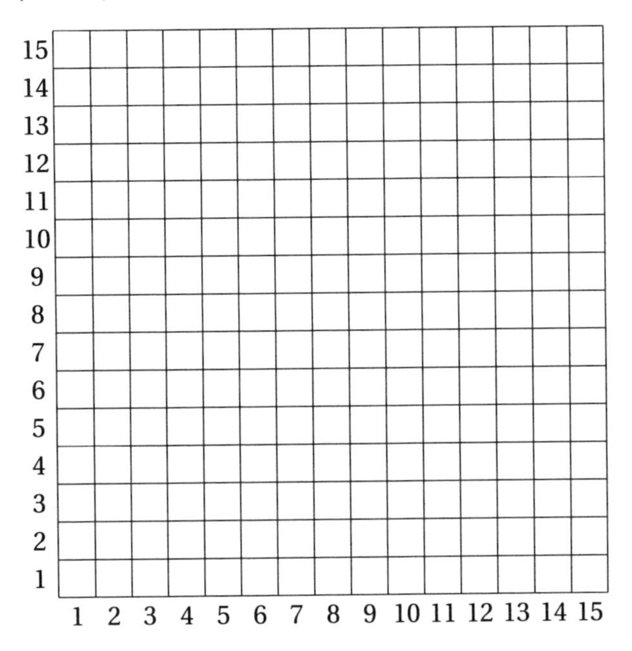

Figura 9.28: Tabuleiro 15×15

nhamos que os cavalos estejam inicialmente nas posições

$$(a_1,\ b_1),\ (a_2,\ b_2,\ \ldots,\ (a_{15},\ b_{15}),$$

e como não tem dois cavalos na mesma linha ou na mesma coluna, segue que todos os a_i, *com* $1 \le i \le 15$ *são distintos, o que implica que o conjunto* $\{a_1,\ a_2,\ \ldots,\ a_{15}\} = \{1,\ 2,\ 3,\ \ldots,\ 15\}$. *O mesmo ocorre para os* b_i, *com* $1 \le i \le$ 15.
Se o cavalo colocado na posição (a_1, b_i) *fizer seu movimento, então ele muda para uma das seguintes posições:*

$$(a_i - 1, b_i - 2),\ (a_i - 2, b_i - 1),\ (a_i - 2, b_i + 1),\ (a_i - 1, b_i + 2),$$

$$(a_i + 1, b_i + 2),\ (a_i + 2, b_i + 1),\ (a_i + 2, b_i - 1),\ (a_i + 1, b_i - 2).$$

Na Figura 10.28, ilustramos as posições que um cavalo pode assumir após um movimento. Observe que a soma das coordenadas antes de fazer o movimento

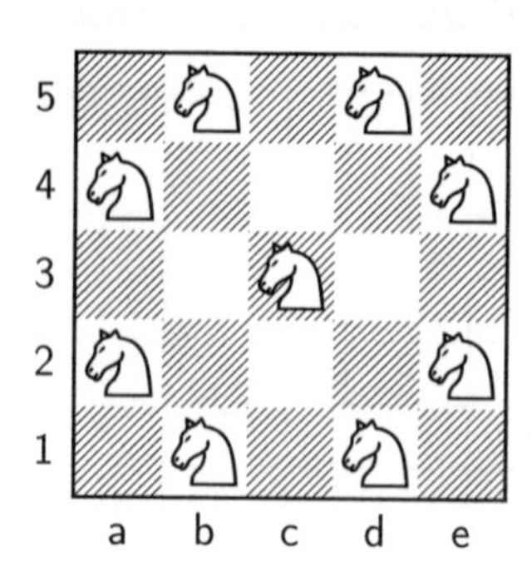

Figura 9.29: Posições que o cavalo pode assumir

é igual a $a_i + b_i$ *e depois do movimento é* $a_i + b_i - 3$, $a_i + b_i - 1$, $a_i + b_i + 1$ *ou* $a_i + b_i + 3$, *o que significa dizer que a soma das coordenadas varia em uma quantidade ímpar e isto ocorre para todo* i, *com* $1 \leq i \leq 15$. *Agora, suponhamos que, depois que todos os cavalos façam seus movimentos, a propriedade ainda seja válida. Isto é equivalente a dizer que, se os* 15 *cavalos passam das posições* $(a_1, b_1), (a_2, b_2, \ldots, (a_{15}, b_{15})$ *para as posições* $(c_1, d_1), (c_2, d_2, \ldots, (c_{15}, d_{15})$, *então os conjuntos* $\{c_1, c_2, \ldots, c_{15}\} = \{d_1, d_2, \ldots, d_{15}\} = \{1, 2, 3, \ldots, 15\}$.
Logo, a soma de todas as parcelas do tipo $a_i + b_i$ *deve ser igual à soma de todas as parcelas do tipo* $c_i + d_i$, *que por sua vez é igual a* $2 \cdot (1 + 2 + 3 + \ldots + 15)$. *Isto é,*

$$\sum_{i=1}^{15}(a_i + b_i) = \sum_{i=1}^{15}(c_i + d_i) \Rightarrow \sum_{i=1}^{15}(a_i + b_i - c_i - d_i) = 0 \qquad (*)$$

Como o número $c_i + d_i$, *o novo valor de* $a_i + b_i$ *após o movimento do cavalo, é igual a* $a_i + b_i - 3$, $a_i + b_i - 1$, $a_i + b_i + 1$ *ou* $a_i + b_i + 3$, *segue que* $(a_i + b_i - c_i - d_i)$ *é igual a* -3, -1, 1 *ou* 3, *que são ímpares.*
Assim, na equação (*), a soma de quinze números ímpares teria que ser zero. Mas, sabemos que a soma de uma quantidade ímpar de números ímpares continua sendo ímpar. Logo, temos uma contradição. Portanto, é impossível que a propriedade continue valendo após o movimento dos quinze cavalos, o

que conclui a prova.

Problema 9.17. - *Num tabuleiro 7×7, qual é a quantidade máxima de casas que podemos pintar, para que não hajam 4 casas pintadas cujos centros formem um retângulo com lados paralelos aos lados do tabuleiro?*

Solução

A resposta é 21.

Vamos chamar de K a quantidade de casas pintadas em um tabuleiro 7×7, de tal modo que não hajam quatro casas pintadas cujos centros formem um retângulo com lados paralelos aos lados do tabuleiro. Sejam $x_1, x_2, \ldots, x_7$ a quantidade de casas do tabuleiro pintadas nas colunas $1, 2, 3, \ldots, 7$, respectivamente. Assim ,temos:

$$x_1 + x_2 + x_3 + x_4 + x_5 + x_6 + x_7 = K \qquad (*)$$

Sejam duas casas pintadas e localizadas numa mesma coluna. Sejam i, j, com $i < j$, as duas linhas destas casas. Casas deste tipo vão formar um par, que denominaremos de par (i, j). Assim, a quantidade de pares da coluna i a qual possui x_i casas pintadas é igual a $\binom{x_i}{2}$. Logo, a quantidade de pares de casas pintadas em todo o tabuleiro é igual a

$$\binom{x_1}{2} + \binom{x_2}{2} + \ldots + \binom{x_7}{2}$$

Observe que, se dois pares de casas pintadas aparecem em duas colunas distintas e nas mesmas linhas, então as quatro casas que formam estes pares formarão um retângulo com lados paralelos aos lados do tabuleiro, o que não pode ocorrer. Além disso, a quantidade total de pares de linhas possíveis do tabuleiro é $\binom{7}{2}$. Logo, se a quantidade total de pares formados no tabuleiro é maior do que $\binom{7}{2}$, então pelo Princípio da Casa dos Pombos, existirão dois pares que se repetem e, assim, formarão um retângulo que não queremos. Portanto, para que isso não ocorra é preciso que

$$\binom{x_1}{2} + \binom{x_2}{2} + \ldots + \binom{x_7}{2} \leq \binom{7}{2} \qquad (**)$$

Por outro lado, sabemos que $\binom{x}{2} = \frac{x!}{(x-2)!2!} = \frac{x^2-x}{2}$. *Logo, temos:*

$$\binom{x_1}{2} + \binom{x_2}{2} + \ldots + \binom{x_7}{2} = \frac{x_1^2 + x_2^2 + \ldots + x_7^2 - (x_1 + x_2 + \ldots + x_7)}{2} \qquad (***)$$

Pela Desigualdade da Média Aritmética e Geométrica, temos que:

$$\sqrt{\frac{x_1^2 + x_2^2 + \cdots + x_7^2}{7}} \geq \frac{x_1 + x_2 + x_3 + x_4 + x_5 + x_6 + x_7}{7},$$

que é equivalente a

$$x_1^2 + x_2^2 + x_3^2 + x_4^2 + x_5^2 + x_6^2 + x_7^2 \geq \frac{(x_1 + x_2 + x_3 + x_4 + x_5 + x_6 + x_7)^2}{7} \qquad (****)$$

Substituindo (****) em (***), temos

$$\binom{x_1}{2} + \binom{x_2}{2} + \ldots + \binom{x_7}{2} \geq \frac{\frac{(x_1 + x_2 + \ldots + x_7)^2}{7} - (x_1 + x_2 + \ldots + x_7)}{2}$$

Como $x_1 + x_2 + x_3 + x_4 + x_5 + x_6 + x_7 = K$, *temos que*

$$x_1^2 + x_2^2 + \ldots + x_7^2 \geq \frac{\frac{K^2}{7} - K}{2} = \frac{K(K-7)}{2 \cdot 7}$$

Portanto,

$$\frac{K(K-7)}{2 \cdot 7} \leq \binom{7}{2} \Rightarrow K(K-7) \leq 49 \cdot 6 \Rightarrow K \leq 21$$

Na Figura 10.29 temos um exemplo como podemos pintar 21 *casas.*

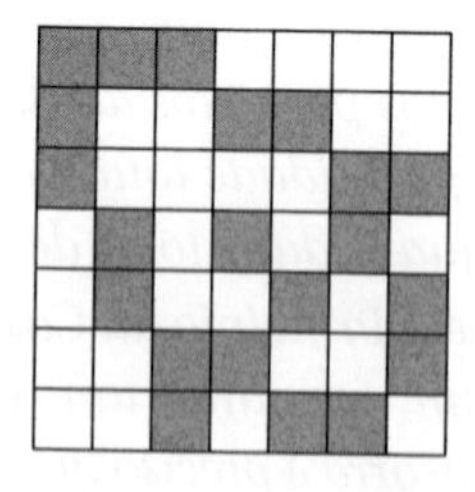

Figura 9.30: Vinte e uma casas pintadas num tabuleiro 7×7

Problema 9.18. - *Cobrir um tabuleiro* 13×13 *com peças em forma de quadrados* 2×2 *e peças em formas de* L, *formadas a partir de três quadrados unitários, de modo que a* ***quantidade de peças*** *em forma de* L *seja* ***a menor possível.***

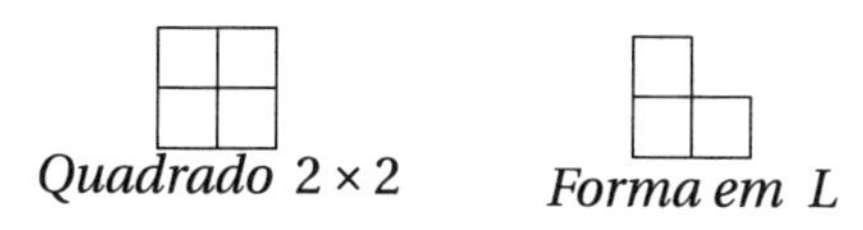

Quadrado 2×2 *Forma em* L

Justificar por que não se pode usar uma quantidade menor de formas em L *do que a sua resposta.*

OBSERVAÇÃO: *Cada quadrado* 2×2 *cobre perfeitamente* 4 *casas do tabuleiro. Cada forma em* L *cobre perfeitamente* 3 *casas do tabuleiro. As formas en* L *podem ser giradas. O recobrimento do tabuleiro por estas peças não pode ter buracos nem superposições de peças e nem sair do tabuleiro.*

Solução

A resposta é 27.

Sejam Q *e* L *a quantidade de peças quadradas e em forma de* L, *respectivamente. Assim, temos* $4Q + 3L = 13^2 = 169$. *Como* $169 = 4 \cdot 42 + 1$, *isto é, deixa resto* 1 *na divisão por* 4, *e* Q *é múltiplo de* 4, *segue que o resto de* $3L$ *na divisão por* 4 *tem de ser* 1. *Logo, temos que* L *deixa resto* 3 *na divisão por* 4. *Assim, temos que* $L = 3k + 3$, *onde* $k \in \mathbb{Z}$.

Agora, pintemos as casas do tabuleiro 13×13 *alternadamente de branco e preto, de modo que as casas dos quatro cantos do tabuleiro sejam pintadads de preto, veja figura a seguir.*

Agora, observe que cada peça quadrada cobre 2 *casas pretas e* 2 *brancas, independente da forma como elas são colocadas sobre o tabuleiro (para cobrir perfeitamente quatro casas), e cada peça em* L *cobre* 2 *casas de uma cor e* 1 *de outra cor. Logo, dentro de todas as peças em* L, *as que cobrem* 2 *casas pretas e* 1 *casa branca devem ser em maior quantidade do que as que cobrem* 1 *casa preta e* 2 *casas brancas.*

É fácil de ver que cada linha do tabuleiro possui uma quantidade ímpar de casas. Agora, fixemos nossa atenção para as peças em L. *Elas cobrem uma casa numa linha e duas casas em outra. Assim, numa linha, existe um número par de quantidade de casas cobertas com peças quadradas e aquelas cobertas com as duas casas da mesma linha das peças em* L. *Logo, em cada linha deve existir uma casa coberta pelo quadrado que está sozinha em uma peça em* L. *Além disso, em cada linha do tabuleiro deve existir uma casa coberta por um quadrado sozinho de uma peça em* L. *Como cada peça em* L *possui um único quadradinho sozinho, devem existir pelo menos* 13 *peças em* L.

Imagine que existem somente 13 *peças em* L. *Isto significa que as casas do tabuleiro cobertas com os quadradinhos sozinhos das peças em forma de* L *devem estar situadas em colunas ímapares, para que em ambos os lados fiquem duas quantidades pares que serão cobertas com os dois quadradinhos de alguma peça em forma de* L. *Mas, isto quer dizer que esses quadradinhos só podem ser os pintados de preto, o que implica que essas* 13 *peças necessárias para a cobertura são formadas por* 2 *quadradinhos pretos e* 1 *branco.*

Portanto, deve haver pelo menos $12+13=25$ *peças em* L, *que juntadas com* 1 *do primeiro caso acima, o número mínimo total é igual 1* $25+2=27$. *A figura a seguir apresenta uma possível solução:*

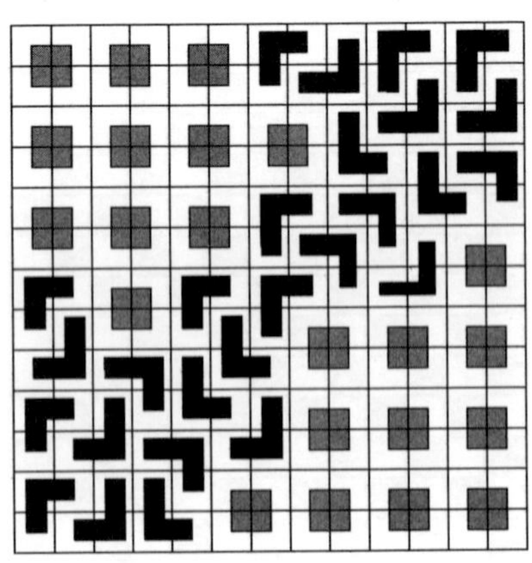

Problema 9.19. - *Quando colocamos num tabuleiro uma torre (peça do jogo de xadrez), que vamos denotar por **T**, esta ataca todas as casas que estão numa mesma linha ou coluna. No tabuleiro* 4×4 *a seguir, colocamos duas torres e verificamos que elas atacam* 10 *casas.*

	*	*	
	*	*	
*	*	T	*
*	T	*	*

Se colocarmos quatro torres num tabuleiro 100×100 *da maneira mostrada a seguir*

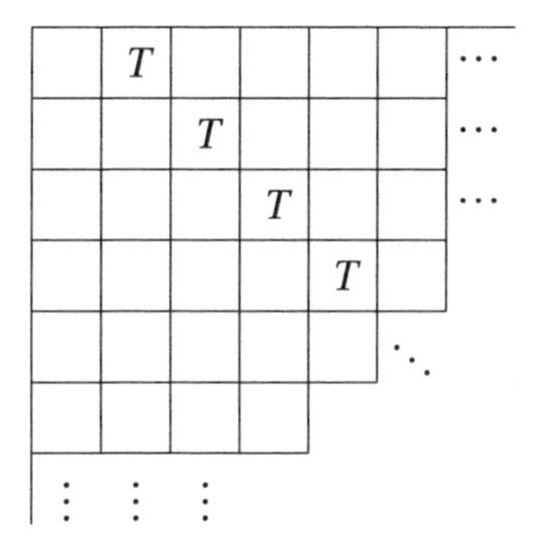

Quantas casas atacam essas quatro torres?
Solução

A resposta é 780.
Quando consideramos as quatro primeiras linhas do tabuleiro, a quantidade de casas atacadas pelas quatro torres é igual a $4 \times 100 - 4 = 396$, *veja na figura dada.*
Agora, resta contar as casas atacadas que estão nas colunas 2, 3, 4 *e* 5, *que, como é fácil ver, formam um retângulo com* 96 *linhas e* 4 *colunas. Portanto, o número total de casas atacadas pelas quatro torres é igual a:*

$$396 + 4 \times 96 = 780.$$

Problema 9.20. - *Uma formiga chega à casa superior esquerda de um tabuleiro de xadrez, e então ela decide visitar todos as casas brancas.*

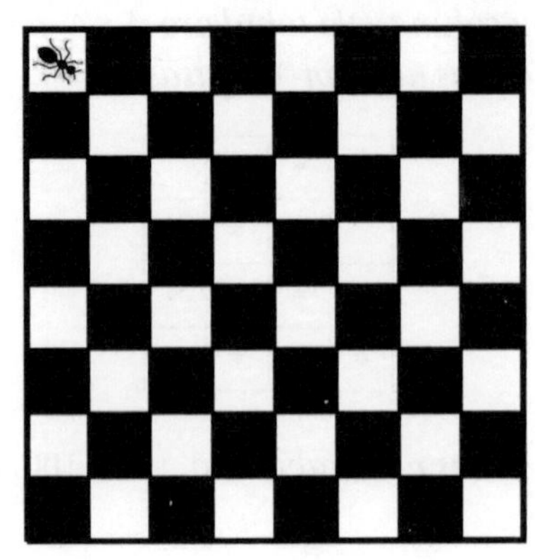

Ela quer fazer isso sem nunca entrar numa casa preta ou passar mais de uma vez pelo mesmo cruzamento de uma linha horizontal com uma linha vertical do tabuleiro.
A formiga vai poder realizar seu desejo? Se sim, mostre a rota que a formiga percorrerá. Se não, explique.
Solução

Sim, ela vai conseguir realizar seu desejo. Basta a formiga fazer o seguinte percurso:

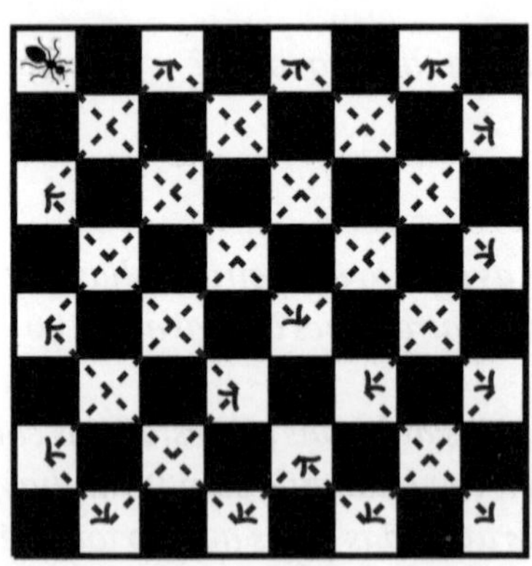

Problema 9.21. - *Atrás de algumas casas de um tabuleiro* 5×5 *encontram-se escondidas bombas, sendo que cada uma dessas casas tem escondida, no máximo, uma bomba. Na figura a seguir, as casas onde estão escritos números não têm bombas, e os números nelas escritos indicam quantas das casas*

adjacentes (vertical, horizontal ou diagonalmente) possuem uma bomba escondida.

		1		
	1		2	
		3		
	4		4	
		1		

Determine a quantidade total de bombas em todo o tabuleiro.

Solução

A resposta é 8.

Vamos numerar as linhas do tabuleiro por: 1, 2, 3, 4 *e* 5, *e as colunas por* a, b, c, d *e* e.

Por hipótese, a casa central do tabuleiro possui três bombas em torno dela, o que implica que existem quatro possibilidades para a localização dessas bombas:

- *Possibilidade* 1 *- As bombas poderiam estar nas casas* $b3$, $c4$ *e* $d3$.
- *Possibilidade* 2 *- As bombas poderiam estar nas casas* $c4$, $d3$ *e* $c2$.
- *Possibilidade* 3 *- As bombas poderiam estar nas casas* $c2$, $b3$ *e* $c4$.
- *Possibilidade* 4 *- As bombas poderiam estar nas casas* $d3$, $c2$ *e* $b3$.

Veja a figura a seguir.

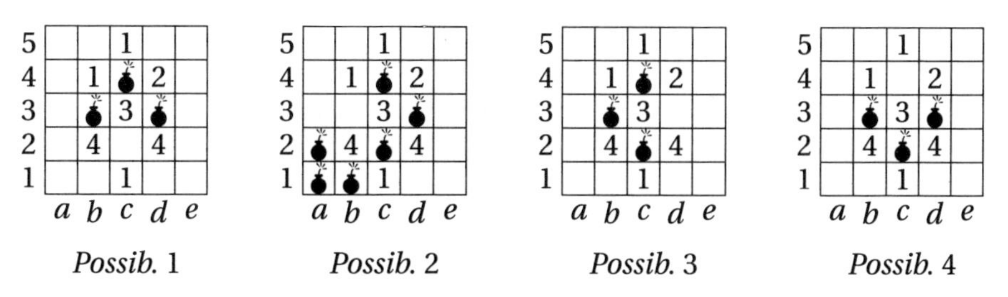

Possib. 1 *Possib.* 2 *Possib.* 3 *Possib.* 4

Vamos mostrar que as possibilidades 1, 2 *e* 3 *não podem ocorrer.*

A possibilidade 1 *não pode ocorrer porque a casa* $b4$, *que tem nela escrito o número* 1, *só pode ter uma bomba em uma casa adjacente e, neste caso, apresenta duas.*

A possibilidade 2 *não pode ocorrer porque a casa* $c1$, *que tem nela escrito o número* 1, *só pode ter uma bomba em uma casa adjacente e, neste caso, apresenta (em todas as possibilidades possíveis) duas.*

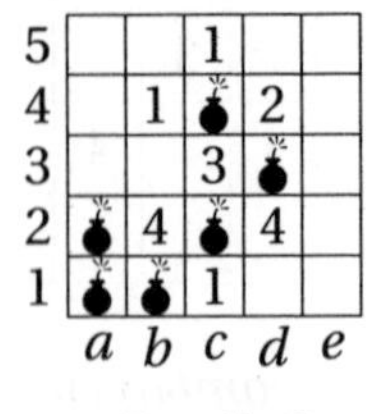

Possib. 2

A possibilidade 3 *não pode ocorrer porque a casa* b4 *(análogo ao caso 1), que tem nela escrito o número* 1, *só pode ter uma bomba em uma casa adjacente e, neste caso, apresenta duas.*
Portanto, a única possibilidade que pode ocorrer é a quarta. Neste caso, é fácil ver que, completando com as bombas possíveis, teremos 8 *bombas, veja a figura a seguir.*

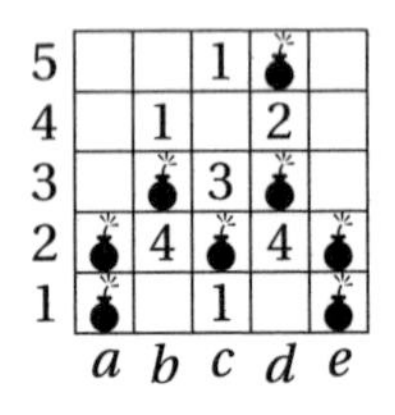

Possib. 4

Problema 9.22. - *Atrás de cada casa de um tabuleiro* 6×6 *se encontra escondida uma moeda (cada casa possui escondida no máximo uma moeda). Os números escritos em cada casa representam a quantidade de casas vizinhas que possuem uma moeda escondida, veja a Figura a seguir. Duas casas do tabuleiro são vizinhas se possuem um lado em comum.*

1	1	2	1	1	1
1	3	2	2	3	1
1	2	2	3	1	2
1	2	2	1	2	1
2	2	2	2	2	1
1	2	2	1	2	1

Determine a quantidade de moedas escondidas em todo o tabuleiro.

Solução

Este problema foi da Olimpíada de Matemática do Perú do ano de 2004.
A resposta é 17.
Suponhamos que em duas casas vizinhas estejam escritos os números a *e* b. *Pelas hipóteses do problema, o número* $a+b$ *representa a quantidade total de moedas escondididas na seguinte região*

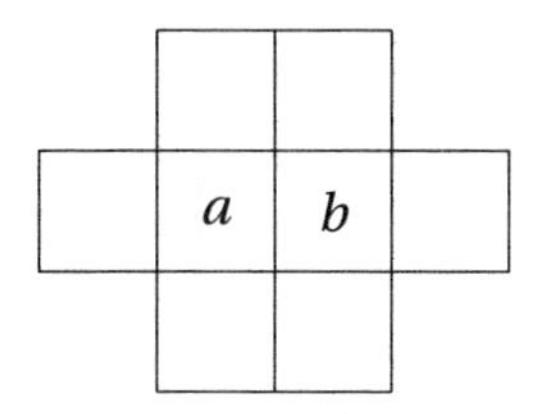

Se os números a *e* b *estão escritos em casas no bordo do tabuleiro a região fica reduzida. Por exemplo, veja duas Figuras a seguir:*

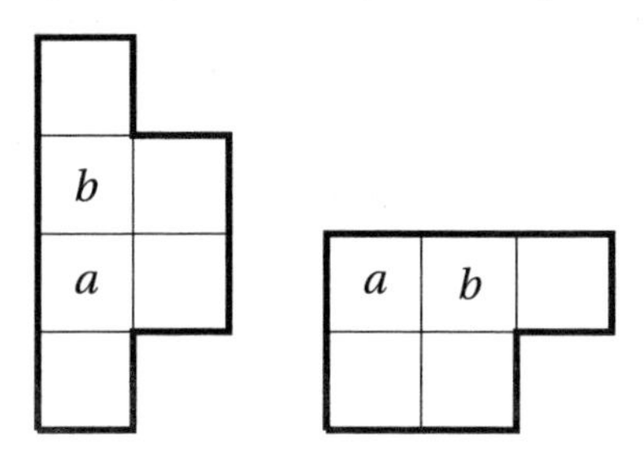

Agora, dividimos o tabuleiro dado em regiões semelhantes da seguinte maneira:

1	1			1	1
		2	3		
1					1
2					1
		2	1		

Logo, em cada região a quantidade de moedas escondidas é igual à soma dos números mostrados na correspondente região. Portanto, a quantidade de moedas escondidas em todo o tabuleiro será igual à soma:

$$(1+1)+(1+1)+(2+3)+(1+2)+(1+1)+(2+1)=17.$$

Problema 9.23. - *Temos uma sacola cheia de* **T**-*tetraminós, que é uma figura como a mostrada abaixo.*

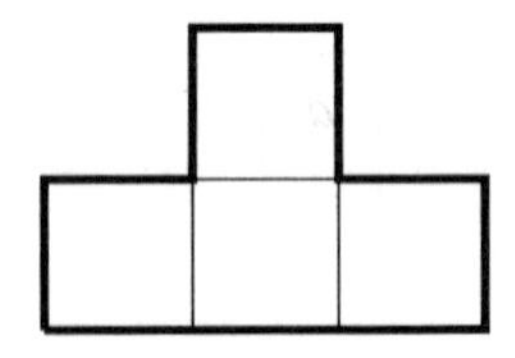

(i) É possível cobrir completamente um tabuleiro 12×8 *com* **T**-*tetrominós, sem sobreposição (supondo que os quadrados do tabuleiro são do mesmo tamanho que os quadrados que compõem cada T-tetrominó)?*
(ii) É possível cobrir um tabuleiro 8×3*? E um tabuleiro* 10×7*? Em cada caso, se for possível, mostre, com um desenho, como fazer. Se não, explique porque não é possivel.*
Solução

(i) É possível.
Inicialmente, dividimos o tabuleiro 12×8 *em seis subtabuleiros* 4×4*, veja a figura a seguir,*

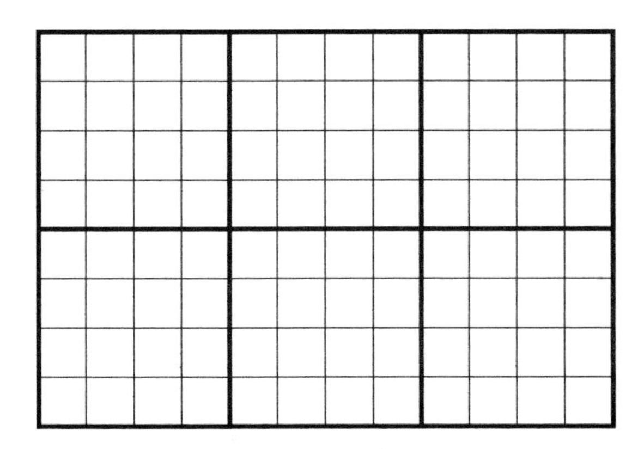

Em seguida, cobrimos cada subtabuleiro 4×4 *por quatro **T**-tetraminós como mostra a figura a seguir:*

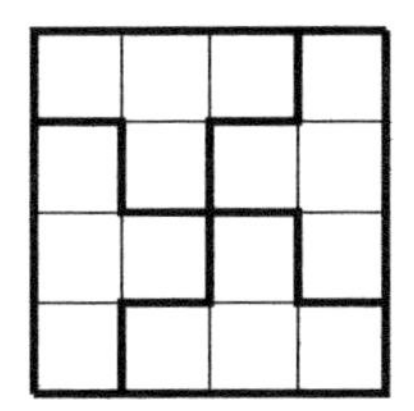

(ii) Não é possível.
Como veremos a seguir, não é possível para qualquer tabuleiro $n \times 3$.
De fato, como mostra a Figura a seguir, só existem duas maneiras de cobrir a casa do canto esquerdo inferior do tabuleiro.

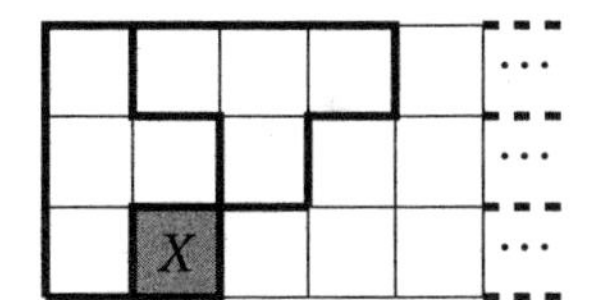

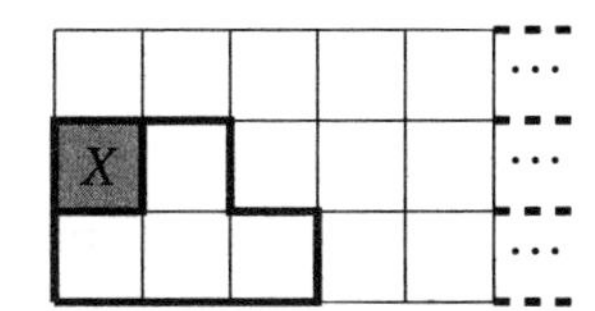

Em ambos os casos a casa assinalada com X *não pode ser coberta por um **T**-tetraminó.*
(iii) Um tabuleiro 10×7 *não pode ser coberto por **T**-tetraminós.*
*A justificativa é o fato de que cada **T**-tetraminó cobre exatamente quatro casas do tabuleiro e um tabuleiro* 10×7 *possui precisamente* $10 \cdot 7 = 70$ *casas, mas* 70 *não é divisível por* 4.

Problema 9.24. - *Escrevem-se os números* $1,\ 4,\ 8,\ 10$ *em casas de um tabuleiro* 3×3, *veja a Figura a seguir.*

1	8	
		10
4		

Queremos escrever números inteiros positivos em cada uma das casas vazias de modo que satisfaçam as duas condições seguintes:

- *Os nove números no tabuleiro sejam distintos.*
- *A soma dos quatro números em qualquer subtabuleiro* 2×2 *seja sempre a mesma.*

Determine o menor valor que pode assumir soma dos nove números possíveis.

Solução

A resposta é 51.

Vamos preencher as casas vazias do tabuleiro com os números inteiros a, b, c, d, *veja a Figura a seguir.*

1	8	a
b	c	10
4	d	e

Observe que a soma dos números escritos nas casas de qualquer subtabuleiro 2×2 *deve ser igual a*

$$8 + a + c + 10 = 18 + a + c.$$

Assim, temos que $1 + 8 + b + c = 18 + a + c \Rightarrow b = a + 9$. *Por outro lado, como* $a + 9 + c + 4 + d = 18 + a + c$, *temos que* $d = 5$. *Do mesmo modo, como* $c + 10 + d + e = 18 + a + c$, *temos que* $e = a + 3$.

Agora, observe que $a \neq 1$ *e* $c \neq 1$, *pois, caso contrário, teríamos duas casas preenchidas com dois números iguais, que é contrário à hipótese. Do mesmo modo,* $a \neq 2$, *pois, caso contrário, teríamos duas casas preenchidas com* 5. *Logo,* $a \geq 3$ *e* $c \geq 2$.

A soma de todos os números escritos nas casas do tabuleiro é igual a

$$1 + 8 + a + (a + 9) + c + 10 + 4 + 5 + a + 3 = 3a + c + 40 \geq 3 \cdot 3 + 2 + 40 = 51.$$

Portanto, o menor valor que pode assumir soma dos nove números possíveis é 51.

Referências Bibliográficas

[1] *ANDREESCU, TITU; GELCA, RAZVAN Mathematical Olympiad Challenges. Birhäuser. Boston. 2009 1. ed., Birhäuser. Boston, 2009*

[2] *BELL, JORDAN; STEVENS, BRETT. A survey of known results and research areas for n-queens. Elsevier. Discrete Mathematics, 309 (2009) 1-31*

[3] *CAMPBELL, PAUL J Gauss and the Eight Queens problemaa: A Studying Miniature of the Propagation os Historical Error. Historia Mathematica. 4 (1997), 397-404*

[4] *ERICKSON, JEFF Algoritms. http://www.cs.illinois.edu/ jeffe/teaching/algorithms/. Champaign, IL, 2013*

[5] *LASKER, EDWARD História do Xadrez. 1. ed., IBRASA. São Paulo, 1999*

[6] *MORGADO, A. C. DE O; CARVALHO, J. B. P; CARVALHO, P. C. P; FERNADEZ, P Análise Combinatória e Probabilidade. 2. ed., SBM. Rio de Janeiro, 2004*

[7] *OKUNEV, L.Y. Kombinatornye zadachi na shakhmatnoi doske 1. ed., ONTI, Moscow, Leningrad, 1935*

[8] *PEIN, AUGUST Aufstellung von n Koniginnen auf einem Schachbrett von* n^2 *Federn. Leipzig, 1889*

[9] *PETROVICK, MIODRAG S. Famous Puzzles of Great Mathematicians. 1. ed., AMS. Providence, 2009*

[10] *PETROVICK, MIODRAG S. Mathematics and Chess. 1. ed., Dover. Mineola, N. Y., 1997*

[11] *VILENKIN, N. Ya. Combinatorics. 1. ed.,Academic Press. New York, 1971*

[12] WARNSDORFF, H. C. Des Rösselsprunges Eingfalhste und Allgemeinste Lösung. Sthmalkalden, 1823

[13] WATKINS, JOHN J Across the Board: The Mathematics of Chessboard. 1. ed., Princeton University Press. New Jersey. 2004

Índice Remissivo

ANOTAÇÕES

Impressão e acabamento
Gráfica da Editora Ciência Moderna Ltda.
Tel: (21) 2201-6662